普通高等教育"十四五"规划教材

固态相变原理及应用

（第 3 版）

段玉平　张贵锋　黄昊　付雪松　编著

北　京

冶金工业出版社

2021

内 容 提 要

　　本书分三部分，共 13 章，主要介绍了固态相变的基本原理、金属材料中的固态相变、固态相变理论在实际生产中的应用。

　　本书既可作为高等院校材料科学与工程专业及相关专业的教材，也可作为从事材料研究、生产和使用的科研人员和工程技术人员的参考书。

图书在版编目（CIP）数据

　　固态相变原理及应用／段玉平等编著. —3 版. —北京：冶金工业出版社，2021.2（2021.9 重印）

　　普通高等教育"十四五"规划教材

　　ISBN 978-7-5024-8746-1

　　Ⅰ. ①固…　Ⅱ. ①段…　Ⅲ. ①固态相变—高等学校—教材　Ⅳ. ①O414.13

　　中国版本图书馆 CIP 数据核字（2021）第 032329 号

出版人　苏长永

地　　址　北京市东城区嵩祝院北巷 39 号　邮编　100009　电话　(010)64027926
网　　址　www.cnmip.com.cn　电子信箱　yjcbs@cnmip.com.cn
责任编辑　杨　敏　美术编辑　吕欣童　版式设计　禹　蕊
责任校对　郑　娟　责任印制　禹　蕊
ISBN 978-7-5024-8746-1

冶金工业出版社出版发行；各地新华书店经销；三河市双峰印刷装订有限公司印刷
2011 年 11 月第 1 版，2016 年 6 月第 2 版，2021 年 2 月第 3 版，2021 年 9 月第 2 次印刷
787mm×1092mm　1/16；12.5 印张；300 千字；183 页
39.00 元

冶金工业出版社　投稿电话　(010)64027932　投稿信箱　tougao@cnmip.com.cn
冶金工业出版社营销中心　电话　(010)64044283　传真　(010)64027893
冶金工业出版社天猫旗舰店　yjgycbs.tmall.com
（本书如有印装质量问题，本社营销中心负责退换）

第 3 版前言

　　《固态相变原理及应用》（第 2 版）自 2016 年 6 月出版以来，受到校内外读者以及广大硕士研究生考生的普遍欢迎。我们收到和采纳了一些读者提出的改进意见，并在教学工作中不断总结近年来的教学经验，结合专业认证要求和新时代教育教学改革的发展趋势，对第 2 版进行了修订。修订内容主要包括：对一些文字错漏进行了修改；对个别表示不够准确的插图进行了重新绘制；以附录形式增加了案例分析等。

　　本书由段玉平、张贵锋、黄昊、付雪松编著。侯晓多、吕春飞、李浚鑫和索妮参与了校对、收集资料等工作。

　　本书的出版得到了大连理工大学教育教学改革项目的资金支持，大连热处理有限公司、大连爱信金属制品有限公司为本书提供了相关案例，在此表示衷心感谢！同时，在编撰过程中，参考了一些文献，在此向文献作者致以诚挚的谢意！

　　由于作者水平有限，书中不足之处，敬请读者批评指正。

作　者

2020 年 11 月

第 2 版前言

《固态相变原理及应用》一书自 2011 年 11 月出版以来，受到校内外读者及广大研究生考生的欢迎。令作者欣慰的是，从反馈的信息和使用效果来看，该书力求"简明扼要，通俗易懂，思路清晰，层次分明，重点突出"的目的基本达到。当然，教材中也存在一些不足之处，例如部分内容描述不够严谨，存在文字和图表的编排错误等。作者在对全书系统分析和综合教师及部分读者意见的基础上，对该书作了全面修订，主要对书中文字错误进行了更正，对部分插图及表格进行了修整和替换，对教学选修内容进行了注明（目录中带 * 号的章节为选修内容），同时给出了复习思考题等。

《固态相变原理及应用》（第 2 版）由张贵锋教授、黄昊教授编著。侯晓多参与了图表制作、校对工作，研究生吕春飞、李俊鑫和索妮参与了收集资料等工作。全书由张贵锋教授统稿。

本书的出版得到了高等学校本科教学改革与教学质量工程建设项目的赞助，在此表示衷心感谢！

由于作者水平所限，书中不足之处，恳望广大师生和读者斧正。

作　者

2016 年 3 月

第 1 版前言

材料科学与工程的基本路线的核心内容是：以赋予、改善和提高材料的性能使之满足使用要求为"中心"，以开发新材料和最大限度地挖掘现有材料的潜力为"两个基本点"。

性能是材料对外界能量场作用的一种表现行为，是材料在给定环境中的变化结果。性能由内因和外因两个方面的因素共同决定。内因是材料的微观结构，外因是材料所处的外部环境。

从材料学的角度，按微观尺度次序，微观结构有四个不同层次：

（1）化学键；

（2）组成物质的基本粒子或组元（constituent element）及其排列和运动方式；

（3）由组元构成方式所确定的相（phase）；

（4）由相的种类、形态、大小和分布的总和构成的组织（structure）。

它们之间的关系犹如字母—单词—短语（句子）—文章的关系。

微观结构中，相占据极其重要的地位。相是物质存在的一种状态，外界环境可能导致相的数目和状态的变化，这就是相变。相变发生后，物质体系必然发生某些宏观变化，归根到底是性能的变化。因此，无论是研发新型材料，还是挖掘现有材料的潜力，其前提是必须弄清相变发生的条件、特征和规律。

固态相变原理是打开调控材料性能的一把金钥匙，在金属材料工程专业课中占有极其重要的位置。它是专业基础课（材料科学基础）和专业课（工程材料学）之间的桥梁，是材料专业基础和专业课程体系中的一个重要的支点，是金属材料强韧化的理论基石。

基于不断追求教学改革和教学创新的新形势，专业拓宽、课程内容增加而学时数减少的新情况，以及目前本科生的求学新特点，编著者力图做到简明扼要、通俗易懂、思路清晰、层次分明、重点突出，刻意挖掘固态相变原理中蕴藏的哲学思想，激发学生的学习兴趣，开拓学生的思维空间。

本书共分三个部分：固态相变理论基础、金属固态相变和固态相变的应用。始终围绕金属材料性能这个中心，以如何调控材料的性能为主线展开。每章起始于教学大纲的基本要求，归结于理论基础知识的核心点。

　　本教材由大连理工大学张贵锋教授和黄昊副教授编著，西北工业大学杨延清教授审阅，侯晓多工程师参与了校对和部分插图的绘制。

　　本教材参考并引用了一些文献和资料的相关内容，大连理工大学教务处和大连理工大学材料科学与工程学院给予了资金上的支持，在此表示衷心感谢！

　　由于编者水平所限，书中疏漏之处，恳请读者提出宝贵意见和建议。

张贵锋

2011 年 9 月

目 录

第一部分 固态相变理论基础

第二部分　金属固态相变

第三部分　固态相变的应用

第一部分

固态相变理论基础

相变的基础理论涉及三个方面的共性问题——方向、路径和结果：（1）相变能否进行及相变进行的方向，这是相变热力学（thermodynamics）要解决的问题；（2）相变的路径（途径及速度），这是相变动力学（dynamics）要解决的问题；（3）金属固态相变的结果，即相变时结构转变的特征，这是相变晶体学（crystallology）要解决的问题。

三个共性问题的答案是显而易见的：（1）相变是朝着能量降低的方向进行；（2）相变是选择阻力最小、速度最快的途径进行；（3）相变可以有不同的终态，只有最适合结构环境的新相才易于生存下来，即"适者生存"。这就是相变的普遍规律。

第一部分分 3 章，主要介绍相变的共性及固态相变的特殊性、相变热力学和动力学的一般规律。

1 固态相变概论

相（phase）是物质体系中具有相同化学成分、相同凝聚状态并以界面（相界）彼此分开的物理化学性能均匀的部分。"均匀"是指成分、结构和性能相同。微观上，允许同一相内存在成分、结构和性能上的某种差异。但是，这种差异必须呈连续变化，不能有突变。

当外界条件变化时，体系中相的性质和数目可能发生变化，这种变化称为相变（phase transformation）。相变前后的凝聚状态不变且均为固态时，就是固态相变（solid state phase transformation）。相变前的相称为母相或旧相，相变后的相称为新相。相变发生后，新相和母相之间必然存在某些差异。根据相的概念，这种差异可以表现在以下 3 个方面：（1）晶体结构的变化；（2）化学成分的变化；（3）有序程度的变化，包括原子排列和电子自旋的有序化等。无论存在何种变化，最根本的变化是宏观性能。

材料显微组织的基本构成体是相，在相的性质和数目不变的情况下，相的形态、大小和分布不同会引起组织形态的变化，宏观性能也会产生差异。因此，广义上讲，组织形态的变化也是一种相变，例如再结晶。

1.1　相变的共性

相变的普遍规律是：相变是朝着能量降低的方向进行；相变是选择阻力最小、速度最快的途径进行；相变可以有不同的终态，但只有最适合结构环境的新相才易于生存下来。

1.1.1　相变的必要条件

满足热力学条件是发生相变的必要条件。根据热力学第二定律，可以得出不同限制条件下相变进行的能量判据：

绝热恒容：

$$(\mathrm{d}U)_{S,V} \leqslant 0 \qquad (1\text{-}1)$$

绝热恒压：

$$(\mathrm{d}H)_{S,P} \leqslant 0 \qquad (1\text{-}2)$$

恒温恒容：

$$(\mathrm{d}F)_{T,V} \leqslant 0 \qquad (1\text{-}3)$$

恒温恒压：

$$(\mathrm{d}G)_{T,P} \leqslant 0 \qquad (1\text{-}4)$$

式中　U——内能，J；

$\quad\quad$ H——焓，J；

$\quad\quad$ F——自由能，J；

$\quad\quad$ G——自由焓，J；

$\quad\quad$ T——热力学温度，K。

而：

$$H \equiv U + pV, \quad F \equiv U - TS, \quad G \equiv H - TS \qquad (1\text{-}5)$$

1.1.2　相变的内因与外因

新相的形成犹如新生事物的产生，不是偶然的，也不是突然的。相变是内因和外因共同作用的结果，外因是变化的条件，内因是变化的依据。热力学条件由外因引起；材料内部存在的"三大起伏"——能量起伏、结构起伏和成分起伏是相变的内因，也是相变的充分条件。

1.1.3　孕育期

相变是一个量变到质变的过程，在一定外界条件下，宏观上体系处于"不变"状态，但微观上，体系内部一直存在"三大起伏"的变化。当宏观上能检测出相应的变化时，就发生了质变或相变，从满足热力学条件到宏观上确定相变开始，这段时间称为孕育期（inoculated period）。相变需要孕育期是相变的第二个普遍规律，存在孕育期是绝对的，孕育期的长短是相对的。

1.1.4　驱动力与阻力

相变是驱动力与阻力竞争的结果，而驱动力和阻力是对立的统一体。体系中已存在的一切高能量状态都是"不稳定"因素，是诱发相变的内因；一切因新相形成而引起体系能量的增加，都是新相形成的阻力。

例如，金属凝固时，新相依附已有的相界面形核，形核功小，而晶核形成产生的新相界面却是相变的阻力；体系中业已存在的晶体缺陷（点、线、面缺陷）都有利于降低新相的形核功，但新相形成产生的晶体缺陷却制约新相的继续形核长大，这就是晶体缺陷的两面性。

1.1.5　相变的结果

相变的结果——适者生存。这意味着，终态既可以是稳定态，也可以是亚稳定态甚至不稳定态。事实上，被强韧化的金属材料都在亚稳定态下使用。因此，"稳定"和"不稳定"是相对的，相变速度才是衡量稳定程度的一把标尺。

1.2　固态相变的特性

任何相变都会遇到以下几个方面的问题，但对固态相变而言，下列问题更加突出，矛盾更加尖锐。

1.2.1　相界面

新相形成时，必然产生相界面，于是就存在相界面处新旧相的点阵是否匹配或匹配程度的问题。根据界面上原子在晶体学上匹配程度的不同，可将相界面分为共格界面、半共格界面和非共格界面3种，如图1-1所示。

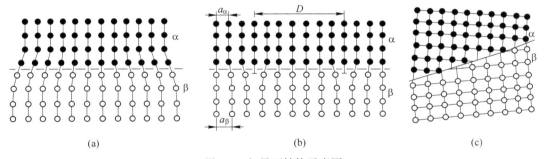

图 1-1　相界面结构示意图

（a）共格界面；（b）半共格界面；（c）非共格界面

若两相晶体结构相同、点阵常数相近，或者两相晶体结构和点阵常数虽有差异，但存在一组特定的晶体学平面可使两相阵点完全匹配，此时，界面上阵点所处位置恰好是两相点阵的共有位置，这种界面称为共格界面（coherent interface）。只有孪晶界才是理想的共格界面。实际上，新旧两相总存在点阵类型或点阵常数的差别。因此，维持完全共格时，相界面附近必然存在晶格畸变。

当界面处两相阵点排列差异很大，界面上的公共结点很少，这种界面称为非共格界面（incoherent interface）。非共格界面结构与大角度晶界结构相似，由几个原子层厚度的无序原子的过渡层构成。

维持共格最直接的后果是产生应变能，当局部应力超过材料的屈服强度 σ_s 时，共格关系破坏，界面上将产生一些刃型位错（刃部终止于相界面），以补偿原子间距差别过大的影响，使界面弹性应变能降低。此时，界面上的两相晶格点阵只有部分保持匹配，所以称为半共格界面（semicoherent interface）。

设母相和新相沿平行于相界面的晶面上的原子间距分别为 a_α 和 a_β，则错配度 δ 为：

$$\delta = |\, a_\beta - a_\alpha\, | \,/a_\alpha = \Delta a/\, a_\alpha \tag{1-6}$$

一般认为，错配度小于 0.05 时为共格界面；错配度大于 0.25 时形成非共格界面；错配度介于 0.05~0.25 之间时形成半共格界面。孪晶界的错配度 $\delta = 0$。

有界面就存在界面能（interface energy）。界面能是指在恒温恒压条件下增加单位面积，界面体系（或表面体系）内能的增量。从材料内部结构的角度上说，界面处的原子位置、原子间结合键性质和数目导致界面能的变化。很显然，相同条件下共格界面的界面能最低，非共格界面的界面能最高。

1.2.2 弹性应变能

新旧两相晶格匹配度和比体积差是影响弹性应变能（elastic strain energy）的两个主要因素。

相界面处新相和母相点阵常数有一定差异，并形成共格或半共格界面时，界面处点阵是"强制性"匹配的，必然产生弹性应变能。很显然，共格界面（孪晶界除外）的弹性应变能最大；半共格界面的弹性应变能次之；非共格界面的弹性应变能最小，趋于零。

新相和母相的比体积不同，导致相变时伴随体积变化。由于新相周围母相的约束，新相不可能自由胀缩，因此产生了弹性应变能。应变能的大小与新旧两相比体积差、弹性模量和新相的几何形状有关。新旧相比体积差越大、弹性模量越大（应力越难松弛），弹性应变能越大。新相的几何形状 c/a 与应变能之间的关系如图 1-2 所示，若把各种不同形状的新相看成是旋转椭球体，a 表示旋转椭球体的赤道直径，c 代表旋转椭球体南北两极间距，则当 $c \ll a$ 时，旋转体为圆盘状；$c \gg a$ 时，旋转体为棒状或针状；$a = c$ 时，旋转体为球状。由图 1-2 可知，圆盘状新相引起的应变能最小，针状次之，球状最大。

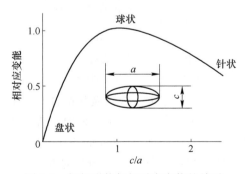

图 1-2 新相形状与相对应变能的关系

新相以何种形态存在，反映了"适者生存"的基本规律。弹性应变能和界面能一样，都是相变的阻力。基于"相变选择阻力最小的途径进行"这一原则，对相变阻力起主导作用的因素决定了相界面结构特征和新相的几何外形。如果弹性应变能起主导作用，则界面以非共格方式存在，以降低弹性应变能；当界面能起主导作用时，新相以共格界面出现可降低界面能。

究竟哪个阻力起主导作用，取决于外界条件。如过冷度很大时，临界晶核尺寸很小，单位体积新相晶核数目多，总界面面积大，相变阻力的主要因素是界面能。为了降低界面能，新相晶核倾向于呈球状，因为体积相同时，球形的表面积最小。反之，如果过冷度小，临界晶核尺寸大，或新旧两相的比体积差较大，弹性应变能起主导作用，新相晶核倾向于呈盘状，因为盘状新相的相对应变能最小，如图 1-2 所示。

总之，从能量的角度来看：共格界面的弹性应变能最大，非共格界面弹性应变能几乎为零；界面原子排列的不规则性导致界面能升高，所以，非共格界面的界面能最大，共格界面的界面能最小。半共格界面的弹性应变能和界面能居中。

1.2.3　位向关系与惯习面

众所周知，晶体对称性的宏观表现是自范性和解理性，即晶体具有自发形成封闭几何多面体外形的特性，晶体具有沿特定晶面碎裂的特性。

固态相变时，为了减少新旧相之间的相界面能，新相往往在母相的特定晶面上形核，该晶面称为惯习面（habit plane），用母相的晶面指数表示。新相也常以低晶面指数、原子面密度大的晶面依附在母相上。惯习面的存在意味着新相和母相之间必然存在一定的位向关系（orientation relationship），这种关系反映了两相点阵的对应性。试验表明，位向关系不一定要求十分严格，尽管如此，它仍然提供了点阵重构的可能机制的重要信息。

新旧相之间存在的位相关系也意味着其相界面可能共格或半共格；若两相之间没有位相关系，则相界面必定是非共格的。相变初期，新相晶核犹如襁褓中的孩子，"依赖于"母相，要么成分相近，要么结构类似，要么与母相保持一定的位向关系。随着新相的不断长大，弹性应变能的增加使相界面难以继续维持共格或半共格关系。

1.2.4　亚稳定过渡相

当稳定的新相与母相的晶体结构差异较大时，难以形成共格或半共格界面，只能形成界面能较高的非共格界面。加上新相形核的初期，晶粒尺寸较小，单位体积相界面面积较大，所以高的界面能使相变不易发生。在这种情况下，往往不是直接一次性转变成自由能最低的新相，而是先形成晶体结构或者成分与母相较为接近的具有共格或半共格界面的亚稳定过渡相，这是相变选择减少阻力的一种折中手段。亚稳定过渡相毕竟不是稳定相，有继续向平衡稳定相转变的自发趋势。

1.2.5　原子迁移率

固相中原子的扩散速率比液相中原子的扩散速率低几个数量级，因此，有成分变化的固态相变，原子迁移率是相变速度的控制因素，而温度又是影响扩散的最重要因素。温度对冷却时发生的固态相变有戏剧性影响。随着温度的下降，过冷度增加，相变驱动力增大，相变速度加快。但是，温度进一步下降时，原子的扩散能力迅速下降，相变速度反而随过冷度增加而减慢。若继续降低温度，扩散型相变可能被抑制，相变类型将变成非扩散型相变。

1.3 固态相变的类型

相变是自然界中普遍存在的现象，相变的种类很多，从不同角度可将相变分成不同种类。

1.3.1 按热力学分类

对于固态相变，描述体系热力学状态的自由焓或化学势是外界因素（温度、压力等）的函数，根据相变前后热力学函数的变化，可将相变分为一级相变和二级相变。

1.3.1.1 一级相变

某温度下发生相变，相界面处新旧两相的化学势相等，但化学势的一阶偏导不等，这种相变称为一级相变（first order phase transition）。用 α 表示母相，β 代表新相，μ 为化学势，T 为温度，p 代表压力，则有：

$$\mu_\alpha = \mu_\beta \tag{1-7}$$

$$(\partial\mu_\alpha/\partial T)_p \neq (\partial\mu_\beta/\partial T)_p \tag{1-8}$$

$$(\partial\mu_\alpha/\partial p)_T \neq (\partial\mu_\beta/\partial p)_T \tag{1-9}$$

由热力学基本理论可知：

$$(\partial\mu/\partial T)_p = -S; \quad (\partial\mu/\partial p)_T = V$$

所以

$$S_\alpha \neq S_\beta; \quad V_\alpha \neq V_\beta$$

因此，一级相变的特点是，相变前后体系的熵 S 和体积 V 将发生不连续变化，也就是说，一级相变时，有相变潜热和体积改变。熵值变化的最直观表现是凝聚状态和晶体结构的变化。所以，升华、熔化、凝固、沉淀等都属于一级相变。

1.3.1.2 二级相变

相界面处新旧两相的化学势和化学势的一阶偏导相等，但二阶偏导不等，这种相变称为二级相变（second order phase transition）。

根据该定义，一阶偏导相等，也就是：

$$S_\alpha = S_\beta; \quad V_\alpha = V_\beta; \quad H_\alpha = H_\beta$$

二阶偏导不等，也就是：

$$\left(\frac{\partial^2\mu_\alpha}{\partial T^2}\right)_p \neq \left(\frac{\partial^2\mu_\beta}{\partial T^2}\right)_p; \quad \left(\frac{\partial^2\mu_\alpha}{\partial p^2}\right)_T \neq \left(\frac{\partial^2\mu_\beta}{\partial p^2}\right)_T; \quad \frac{\partial^2\mu_\alpha}{\partial T\partial p} \neq \frac{\partial^2\mu_\beta}{\partial T\partial p} \tag{1-10}$$

已知：

$$\left(\frac{\partial^2\mu}{\partial T^2}\right)_p = -\left(\frac{\partial S}{\partial T}\right)_p = -\frac{1}{T}\left(\frac{\partial H}{\partial T}\right)_p = -\frac{c_p}{T} \tag{1-11a}$$

$$\left(\frac{\partial^2\mu}{\partial p^2}\right)_T = \left(\frac{\partial V}{\partial p}\right)_T = \frac{V}{V}\left(\frac{\partial V}{\partial p}\right)_T = \gamma V \tag{1-11b}$$

$$\frac{\partial^2\mu}{\partial T\partial p} = \left(\frac{\partial V}{\partial p}\right)_p = \frac{V}{V}\left(\frac{\partial V}{\partial T}\right)_p = \varepsilon V \tag{1-11c}$$

式中，$\gamma = \frac{1}{V}\left(\frac{\partial V}{\partial p}\right)_T$ 为等温压缩系数；$\varepsilon = \frac{1}{V}\left(\frac{\partial V}{\partial T}\right)_p$ 为等压膨胀系数；$c_p = \left(\frac{\partial H}{\partial T}\right)_p$ 为比定压热容。

因此在二级相变中：

$$(c_p)_\alpha \neq (c_p)_\beta; \quad \gamma_\alpha \neq \gamma_\beta; \quad \varepsilon_\alpha \neq \varepsilon_\beta \qquad (1\text{-}12)$$

即发生二级相变时，无相变潜热和体积的变化，只有比热容、压缩系数和膨胀系数的不连续变化。磁性转变、有序化等属于二级相变。

图 1-3 所示为一级和二级相变时，自由能、体积和熵以及它们的一阶导数与温度的变化关系。

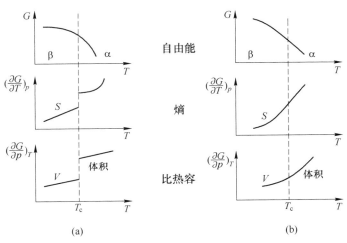

图 1-3 热力学函数与温度的关系

（a）一级相变；（b）二级相变

1.3.2 按相变方式分类

按相变方式分类，金属固态相变分为非连续型相变（discontinuous phase transition）和连续型相变（continuous phase transition）。根据吉布斯（Gibbs）的分类方法，非连续相变是由程度大但范围小的起伏开始形核，随后长大；连续型相变是由程度小但范围大的起伏连续长大成新相。所以，非连续型相变又称形核—长大型相变，相变通过形核和核长大两个阶段完成。新旧相之间有相界面隔开，且相界面两侧要么成分不同，要么结构不同，要么结构成分都不同，大多数相变属于此类。连续型相变又称无核相变，相变是通过母相内很小起伏经连续扩展而进行，新旧相之间无明显界面，调幅分解就是典型的无核连续相变。与此分类相似，克里斯坦（Christian）把相变分为非均匀相变和均匀相变。

1.3.3 按原子迁移特点分类

固态相变时发生的点阵重构或成分调整是通过原子迁移来实现的。根据原子迁移的特点可将相变分为扩散型相变（difussional phase transition）和非扩散型相变（non-diffusive phase transition）两类。

1.3.3.1 扩散型相变

扩散型相变的基本特点是：（1）单个原子独立地、无序地在新旧相之间扩散迁移，所以扩散型相变也称为非协同型转变；（2）扩散型相变必然有成分的变化；（3）相变速率受原子迁移速度的控制，扩散激活能和温度是相变的绝对控制因素。

扩散型相变又分为界面控制和体扩散控制相变两种。

A 界面控制的扩散型相变

纯金属的晶型转变和单相合金的块形转变是晶界控制的扩散型相变的典型例子。新旧相具有相同的化学成分，新相的形成仅依赖旧相原子跃过界面。因此，界面推移速度取决于距界面较近的"最前沿"原子跃过相界的频率。新旧相自由焓之差越大，或原子本身的跃迁能力越强，则界面推移速度越快。纯金属界面控制的扩散型相变生长速度 u 为：

$$u \simeq \frac{\Delta G}{kT} \exp\left(-\frac{Q^i}{kT}\right) \qquad (1\text{-}13)$$

式中 ΔG——新旧两相自由焓差；

Q^i——界面势垒，一般认为界面势垒低于或近似于相内自扩散时的势垒，即 Q^i 近似于自扩散激活能 $Q^{自}$。

B 体扩散控制的扩散型相变

以过饱和固溶体脱溶为代表的许多晶格类型和成分同时发生变化的相变属于体扩散控制的扩散型相变。由于新相化学成分与母相不同，相界面迁移除了受界面控制外，还必须满足溶质原子重新分布的要求。界面推移伴随溶质原子在母相中的长程扩散。对于正脱溶，新相溶质含量高，必须在母相中从远离界面处将溶质原子输送至界面；对于负脱溶，则输送方向相反。按体扩散机制，相界面推移速度为：

$$u = \frac{J}{\Delta C} \qquad (1\text{-}14)$$

式中 J——溶质原子在母相中的扩散通量，它和该元素在母相中的扩散系数 $D[D = D_0 \exp(-\frac{Q}{kT})]$ 及界面前沿法向浓度梯度有关；

ΔC——新旧相浓度差。

1.3.3.2 非扩散型相变

若迁移没有造成原子相邻关系的变化，则为非扩散型相变。非扩散型相变的基本特点是：（1）参与转变的所有原子整体地、有序地沿着特定方向移动，相邻原子之间的相对位置保持不变，所以非扩散型相变也称为"协同型"转变；（2）新相和母相的化学成分相同；（3）新相和母相之间存在一定的晶体学位向关系；（4）相界面推移速度与激活能无关。

1.3.4 按平衡状态分类

按平衡状态分类，固态相变可分为平衡相变和非平衡相变。

1.3.4.1 平衡相变

在极其缓慢的加热或冷却条件下发生的一类相变，新相处于热力学平衡态，这类相变称为平衡相变（equilibrium phase transition）。一般来说，平衡相变属于扩散型相变。因为固态相变中，原子的扩散更需要时间，在极其缓慢的加热或冷却条件下，原子有充分的时间进行扩散。

在分析平衡相图时，涉及一些重要的平衡相变，主要有同素异构转变或多形性转变、平衡脱溶、三相平衡转变、调幅分解、有序转变等。

A　同素异构或多形性转变

某些物质在不同温度和压力条件下具有不同晶体结构的现象称为同素异构（polymorphism），相应的转变称为同素异构转变或多形性转变。Fe、Mn、Ti、Co、Sn 等金属都具有同素异构转变。

应特别指出，具有同素异构特性的金属发生同素异构转变是绝对的，发生同素异构的条件是相对的。加入溶质原子形成固溶体，改变加热或冷却速度，同素异构特性不变，同素异构转变的温度可能改变。

B　平衡脱溶

固溶体的溶解度随温度的下降而降低，当缓慢冷却时，过饱和固溶体将析出第二相，此过程称为平衡脱溶（equilibrium precipitation）。发生平衡脱溶时，母相并不消失，结构也不发生变化，只是母相的成分和体积分数发生变化。如果基体金属没有同素异构性，则脱溶转变是金属材料相变强化的重要手段之一。通过控制脱溶程度，能控制脱溶相的形态、大小和分布，从而获得所需性能。

C　三相平衡转变

固态三相平衡转变包含共析转变和包析转变。合金冷却时，由一个固相分解析出两个固相的转变称为共析转变（eutectoid transformation），两个生成相的结构和成分均不同于母相。由两个固相合并转变为一个固相的过程称为包析转变（peritectoid transformation）。

D　调幅分解

单相均匀的固溶体缓慢冷却到某一温度范围内，通过上坡扩散，分解成结构与母相相同而成分不同（在一定范围内连续变化）的两相，即一部分为溶质原子富集区，另一部分为溶质原子贫化区，这种转变称为调幅分解（spinodal decomposition）。调幅分解的初期，溶质原子贫富偏聚区之间并无明显界面，也无成分突变。但通过上坡扩散，成分均匀的单一固溶体最终分解成成分突变的两个固溶体。

E　有序-无序转变

在某些置换固溶体中，溶质原子置换溶剂晶胞中特定的点阵位置时，为有序固溶体，反之为无序固溶体。有序固溶体加热到一定温度转变为无序固溶体，冷却时又发生逆转变，这种转变称为有序-无序转变（disordered-order transition）。例如，Fe-Al、Au-Cu、Cu-Zn 等合金系中都可以发生有序化转变。发生有序-无序转变时，虽然合金的成分不变，但某些物理、化学和力学性能却发生了变化。

有序化的驱动力是固溶体中原子混合能 E_M，要求：

$$E_M = E_{AB} - 1/2(E_{AA} + E_{BB}) < 0 \tag{1-15}$$

式中　E_{AB}，E_{AA}，E_{BB}——分别为 A-B、A-A、B-B 原子间的交互作用能。

1.3.4.2　非平衡相变

快速加热或冷却时，平衡转变被抑制，将获得非平衡态或亚稳态组织，这种转变称为非平衡相变（non-equilibrium phase transition）。

A　伪共析转变

非共析成分的合金以较快的速度冷却获得全部共析组织的转变称为伪共析转变（quasieutectoid transformation）。非共析合金冷却时，理应先析出先共析相，然后发生共析转变，由于冷却速度快，先共析相来不及析出。虽然伪共析与共析转变产物的组织组成物没有本质上的区别，但是伪共析转变产物中相组成物的相对含量不是定值，不满足杠杆定律。

B　马氏体转变

相变时，实现点阵改组不是通过原子长程扩散，而是以切变方式进行的，且间隙原子也不存在长程扩散，这种转变称为马氏体相变（martensitic phase transformation）。马氏体相变不仅发生在铁基合金、钛合金中，一些无机非金属材料中也能发生马氏体转变。

C　贝氏体转变

基体金属通过点阵切变实现晶格改组，而间隙原子尚具有一定的扩散能力，这种特征的相变称为贝氏体转变，也称为半扩散型相变。

D　非平衡脱溶

固溶体在高温下能溶入较多的合金元素，温度下降，溶解度随之降低。如果快速冷却至室温，来不及析出第二相，就得到过饱和固溶体。过饱和固溶体不稳定，在室温或加热至溶解度曲线以下保温时，将从过饱和固溶体中析出新相，这一过程称为非平衡脱溶。

E　块状转变

某些纯金属及固溶体可在快速冷却过程中以很快的速率转变成与母相成分相同而形貌呈块状的新相，这种转变称为块状转变（massive transformation）。块状转变可在 0.01s 内瞬间完成，是通过短程扩散使新相和母相间的非共格界面推移实现点阵重构的。因此，块状转变受界面推移过程控制，无需局域成分的改变。块状转变和马氏体转变有相似之处，但两者的微观机理不同，转变产物的形貌也不同。

───── 本章小结 ─────

（1）就相变过程的实质而言，相变无外乎引起 3 个方面的变化：结构、成分和有序化程度，这些变化必然引起宏观性能的改变。

（2）同一种金属材料在不同条件下可能发生不同类型的相变，从而获得不同的组织，这是调控材料性能的基本出发点。

（3）相变的普遍规律是：相变是朝着能量降低的方向进行；相变是选择阻力最小、速度最快的途径进行；相变的结果是最适合结构环境的新相为终态。

（4）固态相变的特点涉及相界面、弹性应变能、位向关系与惯习面、过渡相和原子迁移等 5 个方面的内容。

复习思考题

1-1　解释下列名词：相、相变、固态相变、一级相变、二级相变、共格界面、非共格界面、相变势垒、形核功、激活能。

1-2　相变的普遍规律是什么？研究相变规律的实际意义是什么？

1-3　相变的基本类型有哪些？

1-4　从能量的角度叙述相界面的结构特点。

1-5　固态相变的主要特点是什么？

2 固态相变的热力学原理

目的与要求：掌握固态相变热力学条件、形核的一般规律、相变驱动力与阻力。

任何体系都有降低自由能以达到稳定状态的自发趋势。相变热力学条件是发生相变的必要条件。所有相变的热力学条件都是：终态（新相）的自由能低于始态（母相）的自由能，即 $\Delta G = G_{终态} - G_{始态} < 0$，两者的自由能相差越大，相变驱动力越大，发生相变的可能性越大。

2.1 固态相变的热力学条件

自由能 G 是体系的一个特征函数，根据热力学定律，近似认为固态相变是个等容过程时，可得：

$$(\partial G / \partial T)_V = -S \tag{2-1}$$

$$(\partial^2 G / \partial T^2)_V = -(\partial S / \partial T)_V \tag{2-2}$$

因为 S 恒为正，且随温度增加而增加，所以自由能随温度变化的一阶和二阶导数均为负值。这意味着任何相的 G-T 关系曲线中，G 随 T 增加而下降，且曲线总是凹面向下，如图 2-1 所示。两相的自由能曲线在 $T = T_0$ 处必然相交，此时，$G_\alpha = G_\gamma$，即两相处于动态平衡，T_0 为理论转变温度。当 $T > T_0$ 时，γ 相的自由能低于 α 相，γ 相处于稳定态，α 相处于不稳定态。$T < T_0$ 时，刚好相反。所以，表观上，相变进行的热力学条件是过冷（$\Delta T = T_0 - T_1$）或过热（$\Delta T = T_2 - T_0$）的程度。过冷度或过热度越大，两相的自由能差越大，发生 $\gamma \rightarrow \alpha$ 或 $\alpha \rightarrow \gamma$ 相变的驱动力越大。

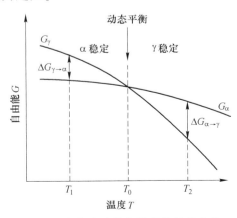

图 2-1 各相自由能与温度的关系曲线

2.2　相 变 势 垒

事实上，热力学条件只是发生相变的必要条件，即发生相变时，$\Delta G = G_{终态} - G_{始态}$ 肯定小于零；反之 $\Delta G = G_{终态} - G_{始态} < 0$ 时，相变不一定能进行，还必须满足充分条件，即体系内部的"三大起伏"——能量起伏、成分起伏和结构起伏。对于固态相变，$\Delta G < 0$ 时相变不一定发生是因为还需要克服相变势垒。相变势垒 Δg（phase transition potential barrier）是指相变时晶格改组所必须克服的原子间引力。原子的行为很怪异，它们一直不停地运动着，当彼此略微离开时相互吸引，当彼此过于靠近时又相互排斥，它们的最终归属是处于能量最低的平衡位置。晶体中的原子获得附加能量以克服相变势垒的途径有两个：热振动和机械应力。

热振动：在晶体中，由于能量起伏，个别原子可能获得足以克服原子间引力的能量而离开其平衡位置，为晶格改组创造条件。可见，相变势垒与能量门槛值——激活能有对应关系。激活能越大，原子需要获得更高的能量才能脱离其平衡位置，相变势垒就越高。激活能又与温度密切相关，温度越高，激活能越小，更多的原子能够离开平衡位置，相变更易进行。所以，相变势垒的大小也可以用原子的自扩散激活能来表示。

许多与温度有关的统计物理量都可以用阿累尼乌斯（Arrhenius）方程来描述：

$$K = k_0 \exp[-Q/(kT)] \tag{2-3}$$

式中　　k_0——常数；

Q——能量门槛值；

k——玻耳兹曼常数；

T——绝对温度。

其本质的含义是，在温度 T 下，统计物理量 K 代表的是能够越过能量门槛值 Q 的那部分。

机械应力：输入机械能，局部晶体原子排列的规律性被破坏，应变能强制性使某些原子离开其平衡位置，为晶格改组创造条件。

2.3　形 　核

大多数相变都是通过形核和核长大过程完成的，形核是晶胚变晶核的过程，晶胚变晶核的条件是热力学研究的范畴，核长大是动力学研究的范畴。与凝固一样，固态相变的形核也有均匀形核和非均匀形核两种。均匀形核（homogeneous nucleation）是指新相晶核在母相基体中无择优地任意均匀分布。若新相在母相基体中某些特殊区域择优地形核，则为非均匀形核（heterogeneous nucleation）。这些特殊的区域包括异质核心以及母相晶体中已存在的零维、一维和二维缺陷等。

无论是均匀形核还是非均匀形核，晶胚能否成为晶核，由相变驱动力和相变阻力共同决定。

任何相变过程，都存在促进和抑制相变进行的矛盾因素。凡是相变过程导致体系自由能下降的因素都是相变驱动力，反之，使体系自由能上升的因素就是相变阻力。

固态相变的驱动力有：（1）新旧相之间的体积自由能差；（2）母相晶体中存在的各类晶体缺陷。

固态相变的阻力有：（1）新相形成时出现的相界面能；（2）新旧相之间的弹性应变能。

2.3.1　均匀形核

2.3.1.1　均匀形核时体系自由能的变化

按照经典形核理论，固态相变均匀形核时，体系自由能的总变化为：

$$\Delta G = -V\Delta G_V + S\sigma + V\Delta G_\varepsilon \tag{2-4}$$

式中　V——新相的体积；

　　　ΔG_V——新相与母相的单位体积自由能差；

　　　S——新相的表面积；

　　　σ——新相与母相之间的单位面积界面能；

　　　ΔG_ε——形成新相引起的单位体积弹性应变能。

式中负号代表相变驱动力，正号代表相变阻力。为方便计算，假设新相是半径为 r 的球状，则式（2-4）变为：

$$\Delta G = -\frac{4}{3}\pi r^3(\Delta G_V - \Delta G_\varepsilon) + 4\pi r^2\sigma \tag{2-5}$$

很显然，自由能差是晶核半径的函数，根据式（2-5）作图，如图 2-2 所示。可以看出，由于应变能的存在，相变的有效驱动力从 ΔG_V 减小到（$\Delta G_V - \Delta G_\varepsilon$）。$\Delta G$–$r$ 变化曲线中，在 $r = r^*$ 处有极大值 ΔG^*，令 $\partial\Delta G/\partial r = 0$，则有：

$$r^* = 2\sigma/(\Delta G_V - \Delta G_\varepsilon) \tag{2-6}$$

$$\Delta G^* = \frac{16\pi\sigma^3}{3(\Delta G_V - \Delta G_\varepsilon)^2} \tag{2-7}$$

式中　r^*——临界晶核尺寸，是晶胚变成晶核所要达到的临界尺寸；

　　　ΔG^*——临界形核功，是晶胚变成晶核所要越过的能量门槛值。

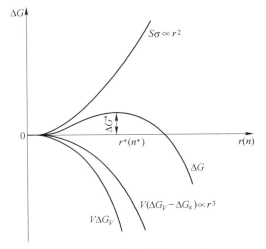

图 2-2　自由能与晶胚尺寸的关系

r^* 并不代表新相晶核的具体尺寸，它是一把"标尺"，凡是 $r \geq r^*$ 的晶胚都能越过能量门槛值 ΔG^* 而成为稳定的晶核。而 r^* 的大小主要取决于过冷度，过冷度越大，r^* 越小，形核功越小，能够越过能量门槛值的晶胚数目越多，形核率越大。与凝固时均匀形核比较，式（2-6）和式（2-7）的分母均变小，即由于弹性应变能 ΔG_e 的存在，临界半径和临界形核功增大，固态相变的均匀形核更加困难。

2.3.1.2 均匀形核的充要条件

由图 2-2 可知，晶胚尺寸达到临界尺寸 r^* 时，体系的自由能差仍然大于零，而 $r \geq r^*$ 的晶胚已能稳定存在并开始长大。原因是系统内部能提供一部分额外能量以克服形核能垒，这部分额外能量来自母相中的能量起伏、结构起伏和成分起伏。因此，$\Delta G < 0$ 是形核的必要条件，母相中存在的能量起伏、结构起伏和成分起伏是形核的充分条件。

2.3.2 非均匀形核

非均匀形核时，体系自由能的总变化为：

$$\Delta G = - V\Delta G_v + S\sigma + V\varepsilon - \Delta G_d \qquad (2-8)$$

式（2-8）比式（2-4）多了一项 ΔG_d，它表示非均匀形核时由于晶体缺陷消失而释放出的能量。晶体缺陷所储存的能量可降低形核功，这些缺陷部位是新相优先形核的部位。根据晶体缺陷周围能量场作用的范围大小不同，可将晶体缺陷分为零维缺陷、一维缺陷和二维缺陷，也就是点缺陷、线缺陷（位错）和面缺陷。构成晶体缺陷的最小几何单元是点缺陷，线缺陷是点缺陷的一维排列，面缺陷是点缺陷的二维聚集，所以晶体缺陷有共同之处，都为形核提出了能量，不同的是它们促进形核的能力有所差别，点缺陷提供的能量最小，面缺陷提供的能量最大。

2.3.2.1 空位对形核的影响

空位对形核的影响是：通过加速扩散和释放晶格畸变能促进形核；空位群聚合成位错促进形核。

2.3.2.2 位错对形核的影响

位错对形核的影响如下：

（1）当新相在位错上形核，位错线消失，位错周围的畸变能释放出来，促进形核；

（2）若位错不消失，而是依附在新相的界面上，构成半共格界面，可以降低界面能，有利于形核；

（3）溶质原子在位错线上偏聚，使新相形成时满足成分起伏条件；

（4）位错线是扩散的短路通道。

根据位错理论，单位长度位错提供的弹性应变能 ΔG_d 为：

$$\Delta G_d = A \cdot \ln R / r_0 \qquad (2-9)$$

对于刃型位错：
$$A = \frac{Gb^2}{4\pi(1-\nu)}$$

螺型位错：
$$A = \frac{Gb^2}{4\pi}$$

式中 G——切变模量；

b——柏氏矢量；

ν——泊松比;

r_0——位错中心区半径（位错线中心是数学上的奇异区，或不连续区）;

R——位错应力场作用半径。

2.3.2.3 面缺陷对形核的影响

面缺陷包括堆垛层错、孪晶界、亚晶界、晶界或相界、表面等，它们是优先形核的重要部位。

A 晶界形核

多晶体中存在性质不同的晶界。两个晶粒间的边界叫界面；三个晶粒交界叫晶棱；四个晶粒的交界叫界隅。

a 界面形核

界面处新相若以非共格方式形核，为降低界面能，新相倾向于呈球状或球冠形；若以共格或半共格方式形核，则相界面一般呈平面状。对于大角度晶界，由于新相不可能同时与晶界两侧的晶粒都具有一定的晶体学位向关系，所以新相晶核只能与一侧母相晶粒共格或半共格，而另一侧与母相晶粒非共格，则晶核的外形变成一侧为球冠状，另一侧为平面状，如图 2-3（a）所示。

为计算方便，采用双球冠或双透镜模型（见图 2-3（b））。图中 θ 为接触角或浸润角；r 为球冠半径；$\sigma_{\alpha\alpha}$ 为 α 相大角度晶界的界面张力；$\sigma_{\alpha\beta}$ 为 α 和 β 相界面的张力。由张力平衡得:

$$\cos\theta = \sigma_{\alpha\alpha} / (2\sigma_{\alpha\beta}) \tag{2-10}$$

设母相界面面积为 S，球冠表面积为 2A，则形核前的界面能为 $S\sigma_{\alpha\alpha}$，形核后的界面能为 $2A\sigma_{\alpha\beta} + (S-R^2\pi)\sigma_{\alpha\alpha}$，形核前后界面能差为 $2A\sigma_{\alpha\beta} - R^2\pi\sigma_{\alpha\alpha}$。根据式（2-8），体系自由能的总变化为:

$$\Delta G = -V\Delta G_V + V\Delta G_\varepsilon + 2A\sigma_{\alpha\beta} - R^2\pi\sigma_{\alpha\alpha} \tag{2-11}$$

忽略应变能的影响，有:

$$\Delta G^*_{界面} / \Delta G^*_{均} = 2f(\theta) \tag{2-12}$$

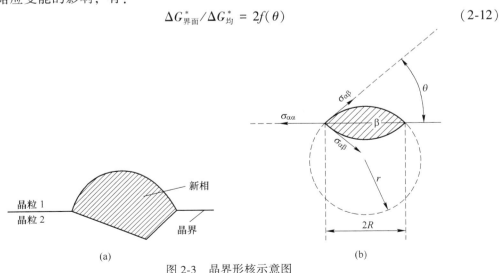

晶粒 1
晶粒 2
新相
晶界

(a)

(b)

图 2-3 晶界形核示意图

（a）晶核形状；（b）晶界形核的双球冠模型

　　b　界棱形核

　　新相 β 在界棱上形核时，晶核由三个曲面组成橄榄球状，如图 2-4（a）所示。由橄榄球中心作水平截面，截面图如 2-4（b）所示，假设三个曲面曲率半径均为 r，接触角为 θ，可以计算界棱形核功与均匀形核功之比为：

$$\Delta G^{*}_{界棱}/\Delta G^{*}_{均} = \frac{3}{4}\pi\eta_{\beta} \tag{2-13}$$

式中　　η_{β}——界棱形核的体积形状因子，与 $\cos\theta$ 有关。

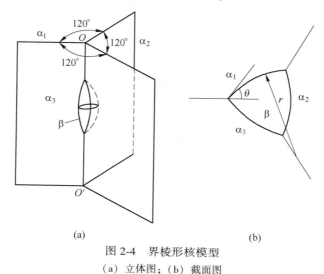

图 2-4　界棱形核模型

（a）立体图；（b）截面图

　　c　界隅形核

　　界隅形核时，晶核是由四个曲面组成的粽子状曲四面体，如图 2-5 所示。此时，界隅的形核功与均匀形核功之比为：

$$\Delta G^{*}_{界棱}/\Delta G^{*}_{均} = \frac{3}{4}\pi\eta'_{\beta} \tag{2-14}$$

式中　　η'_{β}——界隅形核的体积形状因子，与 $\cos\theta$ 有关。

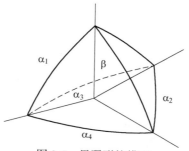

图 2-5　界隅形核模型

　　三种晶界形核的 $\Delta G^{*}_{界}/\Delta G^{*}_{均}$ 与 $\cos\theta$ 的关系如图 2-6 所示。可见，当 $\cos\theta=0$ 时，晶界的作用消失。随 $\cos\theta$ 值的增大，$\Delta G^{*}_{界}/\Delta G^{*}_{均}$ 不断下降，但下降幅度按界面、界棱、界隅顺序依次增大。也就是说，晶界形核的形核功按界面、界棱、界隅依次减少。由此可见，晶核最容易在界隅上形成，其次是界棱，最后是界面。但是，界面、界棱、界隅在晶体中所占体积分数的大小顺序却刚好相反，界面提供形核的位置最多，界棱次之，界隅最少。

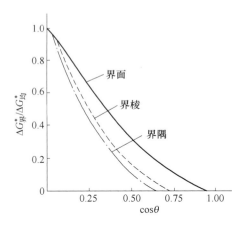

图 2-6　三种晶界形核 $\Delta G_界^* / \Delta G_均^*$ 与 $\cos\theta$ 的关系

B　相界形核

相界形核是指新相依附于第二相或杂质表面形核，如图 2-7 所示。设 W 为第二相或杂质表面，新相 β 在 W 表面上形成球冠晶核，球冠半径为 r，其顶视图是半径为 R 的圆，母相为 α。形核之后，α 与 β 相之间多了一个球冠表面，β 与第二相之间多了一个半径为 R 的圆面积，α 与第二相之间少了一个半径为 R 的圆面积。因此，形核前后总的表面能变化为：

$$\Delta G_S = A_{\alpha/\beta}\sigma_{\alpha/\beta} + A_{\beta/W}\sigma_{\beta/W} - A_{\beta/W}\sigma_{\alpha/W} \tag{2-15}$$

式中　$A_{\alpha/\beta}$，$A_{\beta/W}$——分别为晶核 β 与 α 和 W 之间的相界面积；

$\sigma_{\alpha/\beta}$，$\sigma_{\beta/W}$，$\sigma_{\alpha/W}$——分别为 α 与 β，β 与 W 和 α 与 W 之间的界面能。

三相交点处界面张力应达到平衡，则：

$$\sigma_{\alpha/W} = \sigma_{\beta/W} + \sigma_{\alpha/\beta}\cos\theta \tag{2-16}$$

由几何学可知：

$$A_{\beta/W} = R^2\pi \tag{2-17}$$

$$A_{\alpha/\beta} = 2\pi r^2(1 - \cos\theta) \tag{2-18}$$

$$V_\beta = \pi r^3(2 - 3\cos\theta + \cos^3\theta)/3 \tag{2-19}$$

$$R = r\sin\theta \tag{2-20}$$

不难求出晶核形成时体系总的自由能变化为：

$$\Delta G_{相界} = -V_\beta\Delta G_V + \Delta G_S = \Delta G_均(2 - 3\cos\theta + \cos^3\theta)/4 \tag{2-21}$$

其形核功与均匀形核功之比为：

$$\Delta G_{相界}^* / \Delta G_均^* = (2 - 3\cos\theta + \cos^3\theta)/4 \quad (0 < \theta < \pi) \tag{2-22}$$

可见，θ 在 0~π 之间变化时，$(2 - 3\cos\theta + \cos^3\theta)/4$ 恒小于 1，因此 $\Delta G_{相界}^*$ 恒小于 $\Delta G_均^*$，即相界对形核有促进作用，作用大小与 θ 有关。$\theta = 0$ 时，$\Delta G_{相界}^* = 0$，第二相就是新相核心；$\theta = \pi$ 时，$\Delta G_{相界}^* = \Delta G_均^*$，第二相对形核没有任何影响。

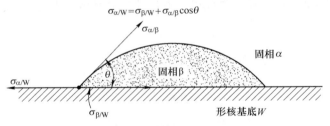

图 2-7　相界形核模型

────── **本章小结** ──────

（1）热力学条件是发生相变的必要条件，体系内存在的能量起伏、结构起伏和成分起伏是发生相变的充分条件。

（2）相变的驱动力包括体积自由能差和晶体中已经存在的各类缺陷，各种晶体缺陷释放出的能量按下列顺序增加，形核功则按下列顺序下降：均匀形核→空位→位错→堆垛层错→晶界或相界→表面。

（3）相变阻力是新相形成时引起的界面能和弹性应变能的增加。

复习思考题

2-1　相同条件下，比较新相在不同晶体缺陷处形核的难易程度。

2-2　为什么只有在过热或过冷条件下，固态相变才有可能发生？

2-3　何为相变势垒？体系获得额外能量克服相变势垒的途径有哪些？

2-4　写出固态相变时均匀形核与非均匀形核条件下体系的总自由能变化表达式，哪些是相变驱动力？哪些是相变阻力？

3 固态相变的动力学原理

目的与要求：掌握固态相变形核率及晶核长大的一般规律；掌握界面结构对晶核长大过程的影响；掌握扩散型相变新相长大速度的控制因素；熟悉相变动力学方程及动力学曲线。

相变动力学解决相变速度的问题，也就是单位时间新相的转变量。一旦晶胚变成了晶核，转变量就开始发生变化。晶核长大的同时，新的晶核仍在不断形成。所以相变速度包含三个方面的含义：形核率对转变量的贡献；微观上单个晶核的长大速度；宏观上新相的体积分数随时间的变化。

新相转变量主要与形核率、晶核长大速度及转变时间 τ 有关。在某一温度下等温，新相转变量随等温时间延长而增加，这种转变称为等温转变（isothermal transformation）；新相的形成量只是温度的函数，这种转变称为变温转变（heterotherm transformation）。

3.1 形　核　率

经典的相变动力学讨论的中心问题之一是形核率。它包括两个部分：形核率的热力学定义；用统计热力学方法导出形核率的数学表达式。

3.1.1 形核率的热力学定义

建立在经典形核理论基础上的形核率 N 可表述为：

$$N = C^* f \tag{3-1}$$

式中　C^*——母相中临界核胚的体积分数，个/单位体积；

　　　f——晶胚成为晶核的频率。

由于能量起伏和结构起伏，母相中的原子依靠热振动形成动态起伏（涌现和消散）的、尺寸连续分布的原子团，即核胚。某一瞬间，单位体积中任意尺寸的核胚数皆为定值，临界核胚的体积分数 C^* 也是定值。根据相变的热力学原理，临界晶核半径和形核功都是自由能差的函数，对于降温发生的相变，随过冷度的增加，临界晶核半径和形核功都减小，形核几率增大。

临界晶胚仅仅是处于临界状态的新相原子团，还不是一个可以稳定生长的新相核心。只有当依附临界核胚的原子数多于离开临界晶胚的原子数时，临界晶胚就获得了稳定生长的能力，从而成为晶核。由于体系中 C^* 保持不变（当一个临界核胚转变成晶核之后，立即有一个新的临界晶胚出现），从统计意义上讲，f 就是 C^* 个临界核胚能够成为稳定晶核的频率。

3.1.2　临界核胚体积分数 C^* 的统计计算

确定临界晶胚体积分数 C^* 值时，首先遇到"可供形核位置数"问题。晶体中任意原子都可与周围原子偶发性地组成新相原子团。因此，单位体积内可供形核的位置数就是阵点密度（个/单位体积）。包括形核位置处原子在内的若干个原子由偶发性因素形成晶胚所需的能量上涨，就是此核胚的形核功。形成 n^* 个核胚时，每个原子所需的能量上涨值为：

$$\Delta U = \frac{\Delta G^*}{n^*} \tag{3-2}$$

根据 Arrhenius 方程式（2-3），任何一个独立振子，其振动能量大于能量门槛值 ΔU 的概率为：

$$P^{\Delta U} = \exp\left(-\frac{\Delta U}{kT}\right) \tag{3-3}$$

按此推理，n^* 个原子同时越过能量门槛值的概率为：

$$P_{n^*}^{\Delta U} = \exp\left(-\frac{n^* \Delta U}{kT}\right) = \exp\left(-\frac{\Delta G^*}{kT}\right) \tag{3-4}$$

由此可知：

$$C^* = C_0 \exp\left(-\frac{\Delta G^*}{kT}\right) \tag{3-5}$$

3.1.3　临界核胚变成晶核的频率 f 的统计计算

临界晶胚变成晶核的过程涉及 3 个基本参数：紧邻原子数 s，原子振动频率 ν_0 及原子在进入核胚方向上的振动分量 p。一定晶体结构的母相，n^* 核胚周围环境应当相同，即任一核胚的 s 值相同。s 除与母相结构有关外，还与 n^* 核胚的大小有关。与 s 相似，ν_0 和 p 对任一核胚也具有同一性。ν_0 与母相结合能有关，而对于立方晶系，p 值为 $\frac{1}{6}$。n^* 核胚在单位时间内接受紧邻原子的振动"冲击"次数 f_0 为：

$$f_0 = s\nu_0 p \tag{3-6}$$

f_0 包含了所有可能跃迁进入 n^* 核胚的振动。同样，根据 Arrhenius 方程式（2-3），单位时间内 n^* 核胚成为新原子团 n^*+1 的次数可表述为：

$$f = f_0 \exp\left(-\frac{Q}{kT}\right) \tag{3-7}$$

式中　Q——母相原子脱离其平衡位置进入 n^* 核胚所需越过的能量门槛值。

显然，它接近母相中原子的自扩散激活能。

3.1.4　均匀形核率

根据 C^* 及 f 的计算，可得出形核率的表达式为：

$$N = C_0 f_0 \exp\left(-\frac{Q + \Delta G^*}{kT}\right) = K \exp\left(-\frac{Q + \Delta G^*}{kT}\right) \tag{3-8}$$

式（3-8）与凝固时均匀形核时的形核率表达式在形式上并无区别，但由于 f_0、Q 和 ΔG^* 的含义与数值和液→固相变不同，固态相变的 N 值一般远小于结晶，相变具有更大的阻力。在 exp 项中，温度 T 的下降引起 Q 和 ΔG^* 项相反的变化。对于 ΔG^*，由于过冷度 ΔT 不大时有 $\Delta G^* \propto \dfrac{1}{(\Delta T)^2}$，所以随 T 的下降（过冷度加大），$\Delta G^*/(kT)$ 值反而上升。而对于 Q 项，由于晶格能垒随随温度变化不明显，所以过冷度的增加将使 $Q/(kT)$ 值下降。这样，就导致 N-T 曲线上出现极大值，如图 3-1 所示。可见，当过冷度很大时，固态相变可以受到抑制，这种可抑制性是许多热处理方法的理论基础之一。

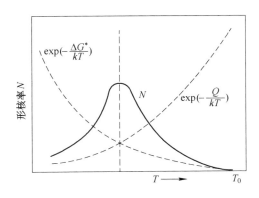

图 3-1　形核率与温度的关系曲线

3.2　晶核长大

3.2.1　晶核长大机制

晶核长大实质上是相界面向母相方向移动的过程，因此，长大的机理与相界面微观结构息息相关。

3.2.1.1　共格界面的迁移

由于相界面处的点阵为新旧两相所共有，保持共格而实现相界面移动，必须是界面附近的原子整体移动，且相邻原子的相对位置不变。这种长大过程称为协同型长大，或位移式长大，或切变机制长大。

固态相变初期，新相可能与母相保持共格关系，以降低界面能。但是，维持共格的直接后果是应变能的增大。因此，随着晶核的不断长大，弹性应变能可能会超过母相的屈服极限而产生塑性变形，共格关系遭到破坏。共格相的稳定性由界面能和应变能的相对大小决定。

假设共格析出相的半径为 r，体积为 V_β，表面积为 A，与母相的错配度是 δ，新相析出产生的单位体积应变能和单位面积表面能分别为 G_ε 和 $\sigma_{\alpha\beta}$，μ 为切变模量。理论上，共格丧失的条件为：

$$V_\beta G_\varepsilon \geqslant A\sigma_{\alpha\beta} \tag{3-9}$$

完全共格时，界面处的总能量由共格应变能和化学界面能 G_C 两部分组成，其中，化学界面能是因化学键变化引起的能量变化，即：

$$\Delta G_{\text{共}} = 4\mu\delta^2 \times \frac{4}{3}\pi r^3 + 4\pi r^2 G_{\text{C}} \tag{3-10}$$

如果形成非共格界面，应变能为零，界面处的总能量由化学界面能和结构界面能组成，其中结构界面能是两相不同结构引起的，即：

$$\Delta G_{\text{非}} = 4\pi r^2(G_{\text{C}} + G_{\text{S}}) \tag{3-11}$$

界面总能量随析出相半径 r 的变化如图 3-2 所示。当 r 很小时，新相以共格形式稳定存在；当 r 较大时，新相以非共格形式稳定存在。存在一个临界半径 r_{c}，$r \geqslant r_{\text{c}}$ 是丧失共格的条件。由 $\Delta G_{\text{共}} = \Delta G_{\text{非}}$ 得：

$$r_{\text{c}} = \frac{3}{4} \times G_S/(\mu\delta^2) \tag{3-12}$$

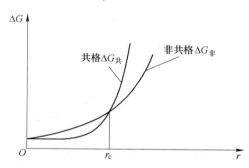

图 3-2　界面总能量随析出相半径 r 的变化

3.2.1.2　半共格界面的迁移

新相与母相之间的界面为半共格界面时，晶核以切变或台阶机制长大。

半共格界面上存在刃型位错，如果位错分布在阶梯状界面上，每个小台阶就是位错的滑移面，位错在滑移面上横向滑移，相当于小台阶界面纵向推移，从而实现新相的长大，如图 3-3 所示。

在台阶侧面处，容易接受和输出原子，生长速率往往由界面扩散控制。

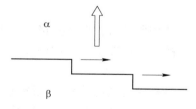

图 3-3　台阶长大机制示意图

3.2.1.3　非共格界面的迁移

非共格界面微观结构类似于大角度晶界，界面处存在几个原子层厚度的原子排列紊乱层。界面移动是通过排列不规则原子的独自迁移实现的，运动原子间不存在协调性。界面上任何位置可接受或输出原子。母相原子不断向新相转移，界面向母相移动，使新相逐渐长大。

非共格界面的微观结构也可以用小台阶结构来描述，只有原子的最密排面才有可能成为小台阶平面。原子从母相台阶端部向新相台阶迁移，通过新相台阶的侧向移动，实现界面在垂直方向上的移动。

非共格界面迁移速率往往受母相中原子的扩散速度所控制。

3.2.2 晶核长大速度

新相长大速度取决于相界面迁移速度。对于以点阵切变机制实现的界面迁移，不需要原子扩散，其长大激活能为零，所以一般具有很高的长大速度。通过切变实现晶格改组的相变，相变速度不是要考虑的主要问题。界面迁移需要借助原子扩散时，因扩散是需要时间的，所以新相的长大速度相对较低。扩散分为短程扩散和长程扩散，原子只做短程扩散时，表明新相长大不会引起相内成分的变化；反之，新相长大通过原子的长程扩散来实现，必然伴随溶质原子的重新分配。

3.2.2.1 短程扩散无成分变化时新相的长大速度

在这种情况下，新相长大的速度受界面扩散（短程扩散）控制。假设母相为 γ，新相为 α，相变发生在冷却过程中。母相的原子在其平衡位置振动，振动频率为 ν_0。由于存在能量起伏，有一部分原子获得额外能量越过相变势垒 Δg 而离开其平衡位置迁移到新相。振动原子中能够越过相变势垒的概率为 $\exp\left(-\dfrac{\Delta g}{kT}\right)$，则 γ 相中原子迁移到 α 相的频率为：

$$\nu_{\gamma \to \alpha} = \nu_0 \exp\left(-\frac{\Delta g}{kT}\right) \tag{3-13}$$

同理，α 相的某些原子也有可能越过相界面跳往 γ 相，但这些原子需要获得更高的能量以越过能垒（$\Delta g + \Delta G_{\alpha \to \gamma}$），原子从 α 相迁移到 γ 相中的频率为：

$$\nu_{\alpha \to \gamma} = \nu_0 \exp\left(-\frac{\Delta g + \Delta G_{\alpha \to \gamma}}{kT}\right) \tag{3-14}$$

显然，界面迁移速度或新相长大速度正比于原子从母相到新相的净跳越频率 $\Delta \nu = \nu_{\gamma \to \alpha} - \nu_{\alpha \to \gamma}$，即：

$$\nu \propto \exp\left(-\frac{\Delta g}{kT}\right)\left[1 - \exp\left(-\frac{\Delta G_{\alpha \to \gamma}}{kT}\right)\right] \tag{3-15}$$

以下分两种情况讨论：

（1）过冷度很小。此时 $\Delta G_{\alpha \to \gamma} \to 0$。因为 $e^x \approx 1 + x$（当 $|x|$ 很小时），所以式（3-15）可简化为：

$$\nu \propto \frac{\Delta G_{\alpha \to \gamma}}{kT} \exp\left(-\frac{\Delta g}{kT}\right) \tag{3-16}$$

由此可见，当过冷度很小时，新相长大速度与新旧相的自由能差成正比，即新相长大速度随温度降低而增加。

（2）过冷度很大。此时，$\Delta G_{\alpha \to \gamma} \gg kT$，$\exp\left(-\dfrac{\Delta G_{\alpha \to \gamma}}{kT}\right) \to 0$，则式（3-15）可简化为：

$$\nu \propto \exp\left(-\frac{\Delta g}{kT}\right) \tag{3-17}$$

由此可见，过冷度很大时，新相长大速度随温度降低呈指数函数减小。

综上所述，整个相变过程中，新相长大速度随温度降低呈现先增加、后减小的规律变化，如图 3-4 所示。

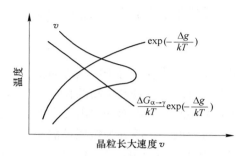

图 3-4　晶核长大速度与温度（过冷度）的关系

3.2.2.2　长程扩散有成分变化时新相的界面移动速度

新相长大通过原子的长程扩散来实现，必然造成溶质原子的重新分布，长大速度受原子在新相和母相中的长程扩散所控制。假设在某一恒定温度下发生平衡相变，相界面处两相的成分是一定的，成分大小可从相图中得到。无外乎有两种情况，新相中的溶质原子浓度低于或高于母相，如图 3-5 所示。相界面处靠近母相一侧与母相内部存在浓度梯度，必然导致溶质原子从高浓度区向低浓度区扩散，扩散的结果使相界面附近靠近母相一侧的浓度降低（如图 3-5（a）所示）或升高（如图 3-5（b）所示），这势必破坏该温度下相界面处的相平衡。只有界面向母相推进（新相长大），图 3-5（a）中新相"排挤"溶质原子，图 3-5（b）中新相"吸收"溶质原子，才能使相界面保持平衡。这一过程将一直进行下去，直到相内不存在浓度梯度，达到动态平衡为止。温度下降，继续重复上述过程，直到相变结束。新相长大的这一微观过程可用程序框图来表示，如图 3-6 所示。

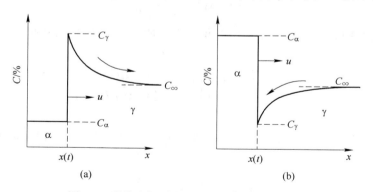

图 3-5　晶核生长过程中溶质原子浓度的分布

（a）新相浓度低于母相；（b）新相浓度高于母相

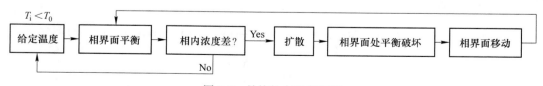

图 3-6　晶核长大程序框图

恒温下新相长大的过程也可以这样来理解，长大是相界面的局部或微观平衡到体系的整体或宏观平衡的过程。连续变温条件下，只存在相界面平衡，扩散不充分，不满足宏观平衡的条件，导致晶内偏析。所以，变温转变的每一个温度瞬间，相界面处都可以近似视为平衡转变。可见，恒温与变温、连续与非连续、稳态与非稳态、平衡与非平衡不是对立的，而是相互关联的，它们的关系就是直线与曲线的关系。

根据扩散定律可以计算出相界面移动速度。设 dt 时间内单位面积相界面移动 dx，则新相增加的那部分体积内需要吸收或排挤的溶质原子量为 $|\Delta C_{\alpha/\gamma}| dx$，$\Delta C_{\alpha/\gamma}$ 为 α/γ 相界面处两相的浓度差。新相吸收或排挤溶质原子都是其在母相内扩散的过程。设扩散过程为稳态扩散，则单位时间、单位面积吸收或排挤的溶质原子数量为 $D(\partial C_{\gamma}/\partial x)_{x_0} dt$，所以有：

$$|\Delta C_{\alpha/\gamma}| dx = D(\partial C_{\gamma}/\partial x)_{x_0} dt \tag{3-18}$$

则新相界面移动速度为：

$$v = dx/dt = (D/|\Delta C_{\alpha/\gamma}|) \times (\partial C_{\gamma}/\partial x)_{x_0} \tag{3-19}$$

这表明新相长大速度 v 与扩散系数 D 成正比，与相界面附近母相中的浓度梯度 $\partial C_{\gamma}/\partial x$ 成正比，与两相在相界面上的平衡浓度差 $\Delta C_{\alpha/\gamma}$ 成反比。

3.2.2.3 扩散型相变新相长大速度与温度的关系

扩散型相变新相长大速度受驱动力和扩散激活能所控制。对于降温转变过程，驱动力和扩散激活能与转变温度的变化关系是不一致的。温度越低，过冷度越大，驱动力越大，与此同时，原子扩散困难，所以相变速度与温度的关系存在极大值。升温转变过程，驱动力和扩散激活能与转变温度的关系一致。温度越高，过热度越大，驱动力越大，原子扩散能力越强，所以相变速度随温度增加而单调增加。

3.3 相变宏观动力学方程

固态相变的速度取决于新相的形核率和界面移动速度，它们都随温度和时间而变化。因此，要想精确求出相变速度表达式是非常困难的。为简化计算，Johnson-Mehl 假设某一温度下形核率与长大速度不随时间变化，导出了新相体积分数 f 与时间 τ 的关系式，即著名的 Johnson-Mehl 方程：

$$f = 1 - \exp\left(-\frac{\pi}{3} N G^3 \tau^4\right) \tag{3-20}$$

式中　N——形核率；

　　　G——晶核线长大速度或界面移动速度。

Johnson-Mehl 方程适合于形核率和晶核界面移动速度均为常数的扩散型相变。

事实上，形核率和界面移动速度是随时间变化的，上述方程与试验结果有很大的偏差。Avrami 按照 Johnson-Mehl 方程的形式拟合实验数据，得到 Avrami 经验方程式：

$$f = 1 - \exp(-K\tau^n) \tag{3-21}$$

式中　K——系数，取决于相变温度、母相成分和晶粒大小；

　　　n——系数，取决于相变类型。

大多数扩散型相变的相变速率均与 Avrami 经验方程式（3-21）符合较好。

3.4　相变动力学曲线

　　针对式（3-20）中不同的 N 值和 G 值（即不同相变温度），可绘制出新相转变体积分数与时间的关系曲线，这些曲线均呈"S"形，如图 3-7（a）所示。其共同的特点是，相变初期和后期相变速度较慢，而相变中期速度最大。实际生产中往往使用温度-时间坐标表征相变进行的程度更为方便。分别将图 3-7（a）中不同温度下的相变开始点和相变结束点连接成光滑曲线，得到图 3-7（b）。因该图呈"C"形，所以称为 C 曲线，或称为 TTT 曲线（time-temperature-transformation curve）。

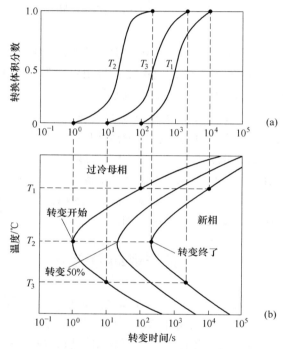

图 3-7　相变动力学曲线和等温转变图
（a）相变动力学曲线；（b）等温转变图

　　转变开始线以左是母相存在的过冷区。虽然热力学上已满足发生相变的条件，但此时相变并没有发生，需要一定的孕育期，孕育期最短所对应的温度称为"鼻温"。过冷度太小或过大都导致孕育期加长，过冷母相稳定，这是驱动力和原子扩散能力与温度的变化关系不一致所致。转变结束线以右为新相区。转变开始线和结束线之间的水平距离表示不同转变时间的新相转变量。

　　扩散型相变等温转变的动力学曲线均呈"C"形，金属材料的 C 曲线都是通过实验方法测得的。

―――― 本章小结 ――――

　　（1）相变速度取决于形核率和晶核长大速度，形核率具有热力学和统计热力学含义，晶核长大速度的实质是相界面的迁移，相界面迁移机制与相界面微观结构有关。

（2）半共格或共格相界面的迁移通过切变方式进行，速度很快；界面迁移靠原子的短程或长程扩散时，晶核长大速率受两相自由能差 ΔG（热力学）和扩散激活能（动力学）两个因素控制，两个因素的主导地位随温度的变化而变化。

（3）具有形核和长大过程的所有相变，相变初期和末期转变速度最小，相变中期的转变速度最大。

（4）扩散型相变动力学曲线呈"C"形，是驱动力和原子扩散能力竞争的结果。

复习思考题

3-1 简述共格或半共格界面迁移特点。

3-2 无成分变化的新相（原子可作短程迁移）的长大有什么规律？

3-3 简述扩散型相变动力学的特点。

3-4 扩散型相变形核率与过冷度或过热度有何关系？

3-5 相变动力学曲线和相变动力学图有何特点？

第二部分

金属固态相变

合金的基体金属可分为有同素异构转变和无同素异构转变两大类。

一方面，同素异构转变是绝对的，发生同素异构的条件是相对的。相变强化通常是指基体金属发生同素异构转变、间隙类原子的过饱和及其过饱和度的变化等因素引起的强度硬度提高。

由于同素异构的绝对性，晶体结构的变化或重组就是研究这类相变的主要内容。当原子有充分的时间做长程迁移（长程扩散）或原子具有足够的扩散能力时，晶体结构的变化是依靠单个原子迁移来实现的，迁移是单个原子的"独立行为"。迁移速度就是影响相变速度的决定因素。反之，原子来不及迁移或没有迁移能力，则点阵重构靠"切变"来实现。切变是大量原子的"集体行为"，切变时原子沿一定方向整体移动，而相邻原子间的相对位置不变，犹如在质量低劣的立方支架顶角上施加一个力使之变成非立方支架一样，这种结构变化能在瞬间完成，相变速度之快是可想而知的。

由于合金化的绝对必要性，研究相变的另一个重要内容是，异类原子的参与如何影响基体金属同素异构转变的温度和速度。加入的异类原子无非有四个归属：处于基体金属的晶格结点处（置换）、进入基体金属点阵的间隙中、与基体金属或其他溶质原子形成化合物、以单质存在。无论以何种形式存在，它们也要参与"扩散"或"切变"，从而对相变产生影响。

另一方面，无论基体金属是否具有同素异构特性，形成置换固溶体且存在固溶度变化时，相变强化的主要内涵则是从过饱和置换固溶体中析出第二相的弥散强化（沉淀强化或时效强化），这对于基体金属无同素异构转变的合金，或相变强化效果不显著的合金尤为重要。脱溶沉淀过程相变速度受原子扩散速度控制。

由此可见，任何类型的相变都面临两个基本问题：晶体结构的改组和溶质原子的再分配，两者存在必然联系，结构体制决定分配制度。晶体结构改组通过"和平演变"（平衡）和"暴力革命"（非平衡）两种方式进行。"和平演变"的过程温和缓慢，原子有充分的时间扩散，同一阶层（相）内允许存在成分起伏，但不允许存在浓度梯度，新的阶层（第二相）一旦出现，必然有溶质原子的贫富差异。"暴力革命"的过程粗暴迅速，原子没有扩散的机会，不存在浓度梯度。然而这种组织状态不过"昙花一现"而已，溶质原子的偏聚随即来临。

第二部分内容将以相变时原子迁移特点为主线展开，共分 5 章，主要内容包括扩散型相变、非扩散型相变和半扩散型相变。

4 扩散型相变（Ⅰ）——奥氏体化

+·-·+

目的与要求： 掌握奥氏体化过程及奥氏体形成机理、奥氏体相变动力学及影响因素、奥氏体晶粒长大及其控制。了解奥氏体钢及其性能特点。

+·-·+

　　热处理过程包括加热—保温—冷却三个阶段。大多数热处理工艺（淬火、正火及部分退火等）都需要将钢加热到相变临界点以上，形成部分或全部奥氏体组织，即奥氏体化，然后根据实际要求，以一定的速度冷却使奥氏体转变成为某种组织，从而获得所需性能。奥氏体化是达到上述目的的第一步，奥氏体晶粒大小和组织状态直接影响后续热处理的组织和性能。

4.1 奥氏体及其组织结构

4.1.1 奥氏体

　　奥氏体（austenite）是碳溶入 γ-Fe 所形成的间隙固溶体。除碳原子外，γ-Fe 中还可溶入其他合金元素。原子半径较小的非金属元素处于晶格的间隙位置，金属合金元素则置换部分铁原子，这种奥氏体称为合金奥氏体。

4.1.2 奥氏体的组织结构

　　γ-Fe 为面心立方结构，存在八面体间隙和四面体间隙。八面体间隙比四面体间隙大，间隙原子处于八面体间隙中心，即处于面心立方晶胞的体心和棱边的中心，如图 4-1 所示。晶胞中的八面体间隙数为 4，理论上一个晶胞可以溶入 4 个间隙原子，即碳在 γ-Fe 中的最大溶解度为 50%（摩尔分数），质量分数约 20%。实际上，即使在 1147℃，碳在奥氏体中的最大溶解度也只有 2.11%。因为八面体间隙半径仅为 0.052nm，而碳的原子半径为 0.077nm。所以，碳是强行"挤入"到 γ-Fe 的晶格间隙中，造成点阵畸变，使邻近间隙继续溶碳困难。事实上，只有约 2.5 个晶胞才能溶入一个碳原子。碳在八面体间隙位置也是随机的，呈统计性均匀分布，且存在浓度起伏。

　　间隙原子的存在，使奥氏体晶胞膨胀，点阵常数发生变化。随溶碳量的增加，点阵常数变大，如图 4-2 所示，可以通过测量奥氏体点阵常数的变化来确定奥氏体中的碳含量。置换原子也会引起奥氏体晶格畸变和点阵常数变化，但变化相对较小。

　　奥氏体组织形态与奥氏体化前的原始组织、加热温度及加热转变程度等有关，通常是由等轴状多边形晶粒组成，晶界较为平直，如图 4-3 所示。有的奥氏体晶内可能存在相变孪晶。

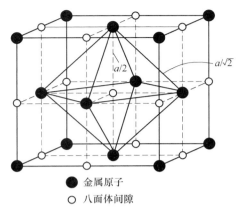

图 4-1 奥氏体晶胞及碳原子可能存在的八面体间隙位置

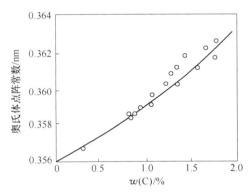

图 4-2 奥氏体点阵常数与含碳量的关系

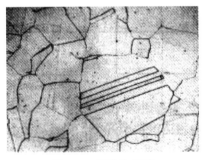

图 4-3 奥氏体组织

4.2 奥氏体形成机理

如图 4-4（a）所示，Fe-Fe₃C 平衡相图包含三个重要的转变：包晶转变、共晶转变和共析转变，其中固态相变只涉及共析转变。根据图 4-4（b），不同成分的碳钢完全或不完全奥氏体化的温度不同，由相图中的 GS 线（A₃点）、PSK 线（A₁点）和 SE 线（Acm点）决定。实际加热或冷却速度较快，偏离了平衡条件，相变点将出现"滞后"现象。即加热时相变临界点向上漂移，冷却时相变点向下漂移，加热或冷却速度越快，漂移程度越大。工业上将加热时的实际相变点用 A_{c1}、A_{c3} 和 A_{ccm} 表示，冷却时的实际相变点用 A_{r1}、A_{r2} 和 A_{rcm} 表示。

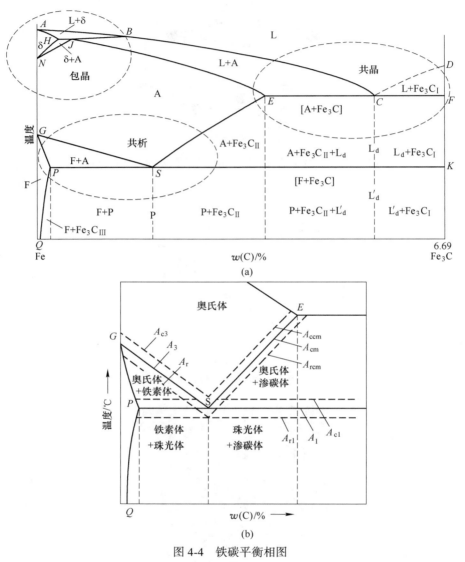

图 4-4　铁碳平衡相图

4.2.1　共析钢平衡组织的奥氏体化

对于共析钢，奥氏体化是珠光体向奥氏体转变的过程。根据相变的热力学条件，必须有一定的过热度，奥氏体才能自发地形成。奥氏体转变是由两相变一相的过程，即：

相组成	α	+	Fe_3C	$\rightarrow$	γ
碳的质量分数/%	0.0218		6.69		0.77
点阵结构	体心立方		复杂斜方		面心立方

可见，奥氏体化伴随两个重要变化：碳原子的重新分布和点阵结构的重组。假设碳是

一种"资源"，则奥氏体化是资源共享，平均分配。绝对的平均是不可能的，均衡分配也必然导致结构体制的变化。具体来说，共析钢奥氏体化的过程包括以下4个阶段。

4.2.1.1　奥氏体形核

奥氏体形成符合固态相变的一般规律，是通过形核和核长大完成的。当体系满足热力学条件时，奥氏体的形核依靠体系内的能量起伏、浓度起伏和结构起伏。

奥氏体晶核的优先形核位置是在铁素体和渗碳体的相界面上。这是因为：

（1）相界面处碳原子浓度差较大，有利于获得奥氏体晶核形成所需的碳浓度；

（2）相界上原子排列不规则，奥氏体形核时所需的结构起伏较小；

（3）相界上杂质或缺陷较多，有较高的畸变能，新相的形核有利于降低体系的自由能。

在高的相变驱动力下（大的过热度），奥氏体晶核也可在铁素体内的亚晶界上形核。

4.2.1.2　奥氏体晶粒长大

当奥氏体在铁素体和渗碳体之间的相界面形核后，就出现了 γ/α 和 γ/Fe_3C 两个相界面。奥氏体的长大就是这两个相界面分别向 α 和 Fe_3C 中推移的过程。相界面推移的原因是奥氏体晶粒内部存在浓度梯度。

假设相界面是平直的，当加热到 A_{c1} 以上 T_1 温度时，相界面处各相的碳浓度可由 Fe-Fe_3C 相图来确定，如图 4-5（a）所示。若用 $C_x^{x/y}$ 表示与 y 相接触的 x 相的碳浓度，则 γ、α 和 Fe_3C 三相的三个界面存在六个碳浓度，它们分别是 $C_{cem}^{cem/\gamma}$、$C_\gamma^{\gamma/cem}$、$C_\gamma^{\gamma/\alpha}$、$C_\alpha^{\alpha/\gamma}$、$C_\alpha^{\alpha/cem}$ 和 $C_{cem}^{cem/\alpha}$，其中，$C_{cem}^{cem/\gamma} = C_{cem}^{cem/\alpha} = 6.69\%$。在 T_1 温度，相界面处各相必须保持相平衡：即 $C_{cem}^{cem/\gamma}$ 和 $C_\gamma^{\gamma/cem}$ 维持相平衡浓度，$C_\gamma^{\gamma/\alpha}$ 和 $C_\alpha^{\alpha/\gamma}$ 维持相平衡浓度，$C_\alpha^{\alpha/cem}$ 和 $C_{cem}^{cem/\alpha}$ 维持相平衡浓度。在垂直于相界面的纵截面上，碳浓度的分布如图4-5（b）所示。很显然，奥氏体晶粒内部存在浓度梯度，最大碳浓度差为 $C_\gamma^{\gamma/cem} - C_\gamma^{\gamma/\alpha}$。浓度差导致碳原子的扩散，碳原子的扩散破坏了 $C_{cem}^{cem/\gamma}$ 和 $C_\gamma^{\gamma/cem}$ 以及 $C_\gamma^{\gamma/\alpha}$ 和 $C_\alpha^{\alpha/\gamma}$ 的平衡浓度。为了维持 T_1 温度下相界面的相平衡，cem/γ 相界面向 cem 一侧移动，γ/α 相界面向 α 一侧移动，奥氏体就这样不断地长大。同样，铁素体晶粒内部也存在浓度梯度，碳原子也要扩散，这种扩散也促进了奥氏体的长大。

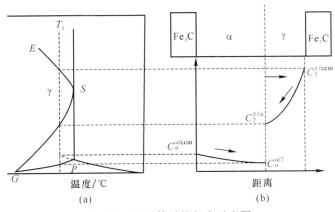

图 4-5　奥氏体晶核长大示意图

（a）各相碳浓度；（b）碳的扩散及相界面推移

综上所述，奥氏体晶粒内部存在碳浓度梯度导致相界面移动，而相界面移动的结果是 Fe_3C 的不断溶解，α 相不断转变为 γ 相。

4.2.1.3 剩余碳化物溶解

从点阵重构角度也可以这样来理解奥氏体的形成，它包括铁素体和渗碳体消失两个基本过程。铁素体向奥氏体转变是同素异构所决定的；渗碳体的消失（分解和溶入）是其亚稳特性造成的。

在奥氏体的长大过程中，铁素体和渗碳体提供的碳源量有很大差异，只需溶解小部分渗碳体就可以使 γ/cem 相界面处奥氏体的碳含量上升到相平衡所需的碳浓度，而必须溶解大量的铁素体才能使 γ/α 相界面处奥氏体的碳浓度趋于平衡。所以，共析钢奥氏体化时，总是铁素体先消失，还有剩余的渗碳体。

4.2.1.4 奥氏体均匀化

当铁素体全部转变为奥氏体后，剩余的渗碳体将继续溶解。在 T_1 温度下，渗碳体是不稳定相，要发生分解形成碳和铁，碳原子向 γ 中扩散；铁原子向 γ 晶体点阵改组。碳原子的充分扩散需要更长时间。所以，渗碳体全部溶解后，奥氏体中的碳分布仍然不均匀。原来为渗碳体区域的碳浓度较高，原来为铁素体区域的碳浓度较低。因此，剩余碳化物溶解后，还需要继续加热或保温，使碳原子充分扩散。

综上所述，奥氏体形成过程分为：奥氏体形核、奥氏体晶核向 α 和 Fe_3C 两个方向长大、剩余碳化物溶解、奥氏体均匀化 4 个阶段。组织转变过程示意如图 4-6 所示。

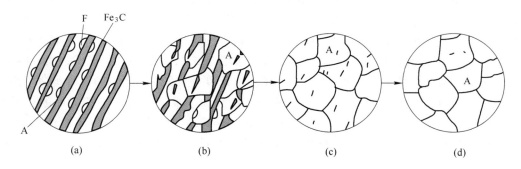

图 4-6 奥氏体转变过程示意图

（a）奥氏体形核；（b）奥氏体长大；（c）剩余碳化物溶解；（d）奥氏体均匀化

4.2.2 非共析钢平衡组织的奥氏体化

亚共析钢和过共析钢的平衡组织中存在先共析相，故当亚（过）共析钢中共析组织（珠光体）转变为奥氏体后，如果奥氏体化温度在 A_{c3}（A_{ccm}）以上时，还存在先共析铁素体（先共析渗碳体）进一步转变为奥氏体的问题。与共析钢相比，过共析钢的剩余碳化物溶解和奥氏体均匀化所需时间更长。亚共析钢中先共析铁素体继续向奥氏体转变，是基于同素异构转变的本质原因，这种转变直至碳达到平衡浓度为止。

4.2.3 非平衡组织的奥氏体化

一般来说，奥氏体化之前的原始组织是退火形成的平衡组织（珠光体、珠光体加铁素体或珠光体加渗碳体）。对于不能满足使用性能要求的返修品，重新奥氏体化时，其原始组织可能是马氏体、回火马氏体、贝氏体，回火托氏体、魏氏体等，其共同的组织特点是非平衡，组织中可能保留着明显的方向性。因此，同等条件下不稳定组织的奥氏体化驱动力更大，奥氏体粗化的可能性更大，而且奥氏体化工艺控制不当时，组织中明显的方向性很容易被"遗传"下来，使钢的力学性能受损。由晶粒粗大的奥氏体转变为非平衡组织后，再进行奥氏体化时，新形成的奥氏体可能会继承和恢复原始粗大的奥氏体晶粒，这种现象称为组织遗传（structure heredity）。

为了避免出现组织遗传，应采取以下措施：

（1）奥氏体化前用退火或高温回火消除非平衡组织；

（2）对于铁素体-珠光体低合金钢，可以采用正火或多次正火，细化晶粒；

（3）严格控制铸、锻、轧、焊工艺，避免出现粗大晶粒。

4.2.4　合金钢的奥氏体化

根据合金的定义，钢中合金元素包括金属和非金属元素。参照其他教科书，如无特殊说明，本教材中"合金元素"不包括碳元素。

合金钢的奥氏体化过程与碳钢相同，也包括奥氏体形核、奥氏体晶粒长大、剩余碳化物的溶解及奥氏体均匀化4个阶段。合金元素的存在将影响上述不同阶段的变化过程。

合金元素加入钢中，一方面改变了奥氏体形成温度，故与碳钢比较，相同奥氏体化温度下，过热度不同；另一方面，奥氏体的形核与长大都与碳的扩散有关，而合金元素改变了碳在钢中的扩散速度。Co 和 Ni 提高碳在奥氏体中的扩散速度；Si、Al、Mn 对碳的扩散影响不大；Cr、Mo、W、Ti、V 与碳的亲和力较强，减慢了碳在奥氏体中的扩散速度。

一般来说，为了充分发挥合金元素的作用，应该增加奥氏体的合金化程度，即尽可能使合金元素全部溶入奥氏体。金属合金元素比非金属合金元素扩散慢得多，再加上合金渗碳体或合金碳化物具有较高的稳定性，剩余碳化物的溶解可能被推延到临界温度以上数十度甚至数百度。同样地，合金钢也存在合金元素的均匀化问题，合金元素的扩散本来就慢，强碳化物形成元素还降低碳的扩散，所以合金钢的奥氏体均匀化时间比碳钢长。

综上所述，合金元素减慢了奥氏体化过程。认识到这一点是很重要的。因为在实际生产中，碳化物的溶解程度，奥氏体化的均匀程度，对钢热处理后的组织和性能有很大影响。因此，对于合金钢，尤其是含有强碳化物形成元素的合金钢，必须特别注意淬火温度和保温时间的合理选择，以保证合金元素充分溶入奥氏体。

4.3　奥氏体形成动力学

4.3.1　奥氏体等温形成动力学

奥氏体形成速度取决于形核率 N 和长大速度 G，而 N 和 G 与转变温度或过热度有关。为便于分析，假设奥氏体形核为均匀形核。

4.3.1.1　奥氏体的形核率 N

与液态金属均匀形核类似，奥氏体均匀形核的形核率受两个因素控制：形核功和扩散激活能。形核率的数学表达式为：

$$N = N_0 \exp[-(Q+W)/(kT)] \tag{4-1}$$

式中　N_0——常数；

　　　Q——扩散激活能；

　　　W——临界形核功；

　　　k——玻耳兹曼常数；

　　　T——绝对温度。

对于固态相变，扩散激活能 Q 较大，弹性应变能也进一步增大了临界形核功 W。所以固态相变均匀形核率的能量门槛值（$Q+W$）高，晶胚越过能量门槛值成为晶核的可能性小，导致固态相变的均匀形核率比液态金属凝固时的均匀形核率低很多。

过冷条件下发生相变时，形核功和扩散激活能对形核率的影响是相互矛盾的。过热条件下发生的相变就不一样，提高奥氏体化温度，过热度增加，不仅提高了相变驱动力，即减小形核功，而且增加了原子的扩散速度。所以，两个控制因素均有利于奥氏体的形核。从式（4-1）也可看出，奥氏体的形核率随奥氏体化温度升高而呈指数函数关系增大。由图4-5（a）可知，随着奥氏体化温度的升高，$C_\gamma^{\gamma/\alpha}$ 与 $C_\alpha^{\alpha/\gamma}$ 之差减小，表明奥氏体形核所需的碳浓度起伏减小，也有利于奥氏体的形核。所以，提高奥氏体化温度，能使奥氏体的形核率急剧增加，有利于获得细小的起始奥氏体晶粒。

4.3.1.2　奥氏体的长大

A　奥氏体晶粒长大的驱动力与阻力

奥氏体晶粒长大（晶界推移）的驱动力是体积自由能的降低和界面能。奥氏体晶粒长大的阻力是第二相粒子。

一方面，细小晶粒的总界面面积大，为了降低界面能，奥氏体晶粒会自发地发生相互吞并长大的现象，总趋势是大晶粒吞并小晶粒；另一方面，界面总是有从曲线（曲面）变成直线（平面）的自发趋势。即使晶界已经平直，只有晶界汇聚点处的界面张力达到平衡时，晶界才处于动态稳定状态。假设奥氏体晶粒是半径为 R 的球形晶粒，球形晶粒大小变化引起界面能的变化为：

$$dG/dR = d(4\pi R^2 \gamma)/dR = 8\pi R\gamma \tag{4-2}$$

设作用于晶界上的驱动力为 F，界面 $4\pi R^2$ 在 F 作用下移动 dR，引起自由焓的变化为 dG，则：

$$F = dG/(4\pi R^2 dR) = 2\gamma/R \tag{4-3}$$

可见，只有当界面平直时，$R=\infty$，驱动力才等于零。

分散相粒子与晶界交互作用将阻碍晶界移动，从而阻止晶粒长大。假设分散相粒子是半径为 r 的球状颗粒，当晶界位于图4-7（a）所示的位置时，晶界减少了 πr^2 的面积，界面能降低了 $\pi r^2 \gamma$，此时的界面能最小。当晶界向右移动至图4-7（b）所示的位置时，不仅界面能增加，而且由于界面张力的作用，与粒子接触处晶界会弯曲以使晶界切向方向和粒子表面垂直。界面张力对粒子施加向右的拉力，力的作用点在晶界与粒子的接触环线上，其大小为：

$$F = (2\pi r\cos\theta) \times (\gamma\sin\theta) = \pi r\gamma\sin(2\theta) \tag{4-4}$$

此力的反作用力就是分散粒子对晶界的阻力，且 $\theta=45°$ 时达到最大：

$$F_{max} = \pi r \gamma \tag{4-5}$$

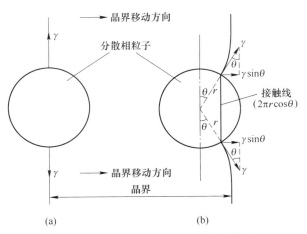

图 4-7　晶界与第二相粒子的交互作用

如果单位体积基体中均匀分布 N 个粒子，则分散粒子所占体积分数为：

$$f = \frac{4}{3}\pi r^3 N \tag{4-6}$$

由于单位面积晶界要与 $2rN$ 个粒子相交截，因此单位面积晶界上各粒子对晶界移动的总阻力最大值为：

$$F'_{max} = F_{max} \times 2rN = \frac{3}{2} \times \frac{f\gamma}{r} \tag{4-7}$$

可见，第二相粒子体积百分数一定时，粒子尺寸越小，越弥散，对晶界的阻力就越大。

如果晶界驱动力完全来自晶界能，当驱动力与分散相粒子对晶界移动的阻力相等时，即：

$$2\gamma/R = \frac{3}{2} \times \frac{f\gamma}{r} \tag{4-8}$$

晶粒长大趋于停止，此时的奥氏体晶粒平均尺寸为：

$$\check{R} = 4r/(3f) \tag{4-9}$$

B　奥氏体的长大速度

奥氏体晶核形成后，其线长大速度等于相界面向母相的推移速度。铁素体内部的碳浓度梯度较小，可以忽略铁素体内碳扩散对相界面推移速度的影响，则奥氏体形成时相界面推移速度由式（3-19）确定，奥氏体向渗碳体中推移速度为：

$$G_{\gamma \to cem} = dx/dt = D_C^\gamma/(C_{cem/\gamma}^{cem} - C_\gamma^{\gamma/cem}) \cdot (dC^\gamma/dx) \tag{4-10}$$

奥氏体向铁素体中推移速度为：

$$G_{\gamma \to \alpha} = dx/dt = D_C^\gamma/(C_\gamma^{\gamma/\alpha} - C_\alpha^{\alpha/\gamma}) \cdot (dC^\gamma/dx) \tag{4-11}$$

等温转变时，C 在奥氏体中的扩散系数 D_C^γ 和奥氏体内的碳浓度梯度 dC^γ/dx 恒定，其中 $dC^\gamma/dx \approx (C_\gamma^{\gamma/cem} - C_\gamma^{\gamma/\alpha})/S_0$，$S_0$ 为珠光体层间距。由于奥氏体在不同珠光体片中均匀形核长大，可以用一个层间距内奥氏体的长大速度代替奥氏体长大的平均速度。所以，奥氏体向渗碳体和铁素体中推移的速度分别为：

$$G_{\gamma \to cem} = D_C^{\gamma}(dC^{\gamma}/dx) / (C_{cem}^{cem/\gamma} - C_{\gamma}^{\gamma/cem}) = K/(C_{cem}^{cem/\gamma} - C_{\gamma}^{\gamma/cem}) \tag{4-12}$$

$$G_{\gamma \to \alpha} = D_C^{\gamma}(dC^{\gamma}/dx) / (C_{\gamma}^{\gamma/\alpha} - C_{\alpha}^{\alpha/\gamma}) = K/(C_{\gamma}^{\gamma/\alpha} - C_{\alpha}^{\alpha/\gamma}) \tag{4-13}$$

相界面处各相的浓度可由 Fe-Fe$_3$C 相图中的 GS 和 ES 线确定，例如，780℃时奥氏体向渗碳体和铁素体推移的速度分别为：

$$G_{\gamma \to cem} \approx K/(6.69 - 0.89)$$

$$G_{\gamma \to \alpha} \approx K/(0.41 - 0.02)$$

两者之比为 $G_{\gamma \to \alpha}/G_{\gamma \to cem} \approx (6.69 - 0.89)/(0.41 - 0.02) \approx 14.9$

即奥氏体相界面向铁素体一侧推移的速度是向渗碳体一侧推移速度的 15 倍，而通常情况下，片状珠光体中铁素体片厚度约为渗碳体片的 7 倍。这就从动力学角度解释了为什么奥氏体化时，总是铁素体先消失，还需经历剩余碳化物的溶解和奥氏体均匀化过程。

由式（4-10）和式（4-11）可知，奥氏体长大速度随着奥氏体化温度上升而增加，因为：

（1）奥氏体化温度增加，扩散系数呈指数增大；

（2）奥氏体内部碳浓度梯度（$G_{\gamma}^{\gamma/cem} - G_{\gamma}^{\gamma/\alpha}$）增加，$\gamma$/cem 和 γ/α 两个相界面上的浓度差均减小（见图 4-5）；

（3）驱动力增加，铁素体内部亚晶界也有可能成为奥氏体的形核核心，碳原子扩散距离缩短，有利于奥氏体晶粒长大。

综上所述，奥氏体形核率 N 和长大速度 G 均随奥氏体化温度升高而增大，尤其是形核率的增加更为显著。因此，奥氏体长大速度随形成温度的升高而单调增大。

4.3.1.3　奥氏体等温形成动力学曲线

奥氏体等温形成动力学曲线如图 4-8 所示。其实验测定过程是：将一组共析钢试样加热至 A_{c1} 以上不同温度，保温不同时间后在盐水中急冷至室温，然后测量每个样品的马氏体转变量。高温形成的奥氏体急冷时将转变成马氏体，每个试样中的马氏体含量就是加热保温时形成的奥氏体量。这样就可以得到不同奥氏体化温度下奥氏体的转变量与保温时间之间的关系曲线。由图 4-8 可知，奥氏体化温度越高，奥氏体等温形成动力学曲线就越向左移，表明奥氏体等温形成的开始及终了时间越短。

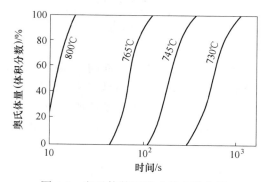

图 4-8　奥氏体等温形成动力学曲线

将不同温度下奥氏体等温形成动力学曲线绘制在温度与时间坐标系中，可得到奥氏体等温形成图。由于奥氏体转变"终了"只是表示珠光体刚刚全部奥氏体化，没有反映奥氏体化的程度，即还有剩余碳化物的溶解和奥氏体成分均匀化两个过程。所以完整的共析钢奥氏体等温形成图应如图4-9（b）所示。

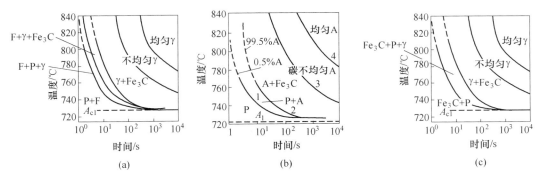

图4-9 亚共析钢、共析钢和过共析钢奥氏体等温形成图
（a）亚共析钢；（b）共析钢；（c）过共析钢

由图4-8和图4-9可以得出以下结论：

（1）加热到临界温度 A_{c1} 以上时，奥氏体并非立即形成，而是需要一定的孕育期。加热温度愈高，孕育期越短。

（2）奥氏体形成速度（形成量/转变时间）在转变初期和末期都较慢，当奥氏体转变量约为50%时，奥氏体形成速度最大，符合扩散型相变的普遍规律。

（3）加热温度愈高，形成奥氏体所需时间愈短，即奥氏体形成速度就越快。

（4）在整个奥氏体化过程中，剩余碳化物的溶解，尤其是奥氏体成分均匀化所需时间更长。

对于亚共析钢或过共析钢，A_{c1} 以上奥氏体化时，分别进入 A+F 或 A+Fe₃C$_{\mathrm{II}}$ 的两相区，所以珠光体全部转变为奥氏体后，还有剩余的铁素体或渗碳体，奥氏体等温形成图分别如图4-9（a）和图4-9（c）所示。只有在 A_{c3} 或 A_{ccem} 以上时，亚共析钢或过共析钢才能完全奥氏体化。剩余铁素体或渗碳体也是通过碳原子的扩散、新旧相界面向旧相推移和晶格改组来实现的。很显然，与共析钢比，过共析钢的碳化物溶解和奥氏体成分均匀化所需时间更长。需要指出的是，实际热处理生产中，过共析钢淬火加热温度在 A_{c1} 以上 $30 \sim 50℃$，切不可完全奥氏体化。

4.3.2 连续加热时奥氏体的形成

连续加热时珠光体向奥氏体转变与奥氏体的等温转变基本相同，也要经历形核、长大、剩余碳化物溶解和奥氏体均匀化4个阶段。但连续加热时奥氏体的形成有以下特点：

（1）固态相变扩散需要时间，如果加热速度快，扩散来不及充分进行，相变过程要"滞后"，在相图上的表现就是相变临界点升高。所以，奥氏体形成的开始及终了温度均随加热速度增加而升高。

（2）奥氏体化的4个阶段都是在一个温度范围内完成的。加热速度很大时，用平衡相图就很难判断钢的组织状态。

（3）加热速度越快，过热度越大，相变驱动力越大，奥氏体化各个阶段的转变开始和终了温度越高，转变时间越短，即转变速度越快，如图4-10所示。同时可以看出，加热速度越快，奥氏体转变温度范围越大。

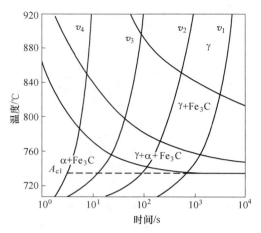

图 4-10　共析钢连续加热时的奥氏体形成图

（4）奥氏体成分的不均匀性也随加热速度的增加而增加。由图 4-5 中的相图可知，随着奥氏体形成温度升高，γ/cem 和 γ/α 相界面靠近奥氏体一侧的碳浓度差增加，即奥氏体中碳浓度的不均匀性增加。快速加热时，碳化物溶解和碳原子的扩散均来不及充分进行。对于亚共析钢来说，将导致淬火后马氏体中碳的质量分数低于平均成分并存在尚未完全转变的铁素体和碳化物；对于过共析钢来说，则会出现碳的质量分数低于共析成分的马氏体和剩余碳化物。前者使钢的强度下降，应通过细化原始组织予以避免；后者有助于提高马氏体的韧性。

（5）超快速加热时，相变驱动力更大，奥氏体不仅在铁素体和碳化物的相界面上形核，而且也可在铁素体内的亚晶界上形核，奥氏体的形核率急剧增加。如果加热时间短，奥氏体晶粒来不及长大，使得奥氏体的起始晶粒度增加，晶粒细化。

总之，随着加热速度的增加，奥氏体的形成温度升高，奥氏体的起始晶粒度增加，奥氏体基体的平均碳的质量分数降低，剩余碳化物增多。这些因素都使淬火马氏体强韧化。近年来发展起来的快速、超快速和脉冲淬火加热等强韧化处理新工艺就是建立在这个理论基础上的。

4.3.3　影响奥氏体形成速度的因素

4.3.3.1　加热温度

加热温度越高，奥氏体形成速度越快。奥氏体的形核率和长大速度均随加热温度的升高而增加，但形核率的增加更为显著。所以，奥氏体形成温度越高，奥氏体的起始晶粒度越大，晶粒越细小。如上所述，奥氏体形成温度越高，奥氏体基体的平均碳的质量分数降低，钢中可能残留的碳化物数量也越多。但是，高温下若保温时间延长，情况就完全相反。

4.3.3.2　化学成分

A　碳的质量分数

碳的质量分数越高，碳化物数量增多，铁素体与渗碳体相界面面积增加，奥氏体的形核位置增加。而且碳化物数量增多时，碳原子的扩散距离将减小，这些因素都加速了奥氏体的形成。但是，碳的质量分数过高时，碳化物太多，碳化物的溶解及奥氏体成分均匀化所需时间更长。

B　合金元素

合金元素并不影响珠光体向奥氏体转变的机制，但合金元素的加入对碳化物的稳定性、碳在奥氏体中的扩散以及基体金属的迁移有影响，所以合金元素会影响奥氏体的形核及长大、碳化物的溶解和奥氏体成分均匀化速度。合金元素的具体影响可以从两个方面描述：合金元素与碳的亲和力及对相变临界点的影响。

强碳化物形成元素如 Mo、W、Cr 等降低碳在奥氏体中的扩散速度，且形成的特殊碳化物不易溶解，使奥氏体化速度降低。非碳化物形成元素 Co 和 Ni 等增大碳在奥氏体中的扩散速度，加速奥氏体的形成。

降低 A_1 点的合金元素（Ni、Mn、Cu），增加了过热度。

4.3.3.3　原始组织

钢的原始组织越细小，相界面越多，奥氏体形核位置越多。另一方面，原始组织越细小，珠光体片间距越小，奥氏体中碳浓度梯度增加，且碳原子的扩散距离减小，碳原子的扩散速度加快，这些因素都加快了奥氏体的形成速度。相同条件下，片状珠光体中的相界面比粒状珠光体的相界面面积大，且薄片状渗碳体易于溶解，加热时，奥氏体形成速度更快。

4.4　奥氏体晶粒度及其控制

奥氏体化的目的是获得成分均匀且具有一定晶粒尺寸的奥氏体组织。奥氏体晶粒的大小直接影响钢件后续热处理后的组织和性能。大多数情况下希望获得细小奥氏体晶粒，有时也需要得到粗大的奥氏体晶粒，如形成应变诱导铁素体。因此，必须掌握控制奥氏体晶粒尺寸的方法。

4.4.1　奥氏体晶粒度

可以用奥氏体晶粒直径或单位面积中奥氏体晶粒数目来表示奥氏体晶粒大小。实际生产中，通常用奥氏体晶粒度表示奥氏体晶粒大小。根据下式确定奥氏体的晶粒度：

$$n = 2^{N-1} \tag{4-14}$$

式中　n——在放大 100 倍的视野中测定每平方英寸（$6.45\mathrm{cm}^2$）所含的平均奥氏体晶粒数目；

N——奥氏体晶粒度的级别。工业上将奥氏体晶粒度分为 8 级，1 级最粗，8 级最细，超过 8 级的称为超细晶粒。

为了便于比较不同钢种或相同钢种在不同工艺下的奥氏体晶粒度，需要分清以下 3 种条件下的奥氏体晶粒度的含义：

（1）起始晶粒度（Initiating grain fineness number）：在临界温度以上，奥氏体形成刚刚完成时的晶粒大小等级；

（2）实际晶粒度（Practical grain fineness number）：在某奥氏体化条件下所得到的奥

氏体实际晶粒大小等级；

（3）本质晶粒度（Inherent grain fineness number）：在规定的奥氏体化条件下测得的奥氏体晶粒大小等级。该奥氏体化条件是：（930±10）℃保温足够时间（3~8h）。钢在上述奥氏体化条件下，若晶粒度在5~8级之间，则该钢属于本质细晶粒钢，即晶粒长大的倾向小；若晶粒度在1~4级之间，则称为本质粗晶粒钢，说明奥氏体晶粒长大的倾向大。

起始晶粒度取决于奥氏体的形核率N和长大速度G，它们之间存在如下关系：

$$N_{起} = K(N/G)^{1/2} \tag{4-15}$$

式中　K——常数。

很显然，N/G比值越大，$N_{起}$越大，奥氏体晶粒越细小。即增加形核率或降低长大速度都能获得细小奥氏体晶粒。

实际晶粒度则取决于实际奥氏体化条件和钢的奥氏体晶粒长大倾向。在通常的奥氏体化加热速度下，加热温度越高，保温时间越长，实际奥氏体晶粒越粗大。

这里应特别注意，本质晶粒度表征奥氏体晶粒长大的倾向，取决于钢本身；本质细晶粒钢和本质粗晶粒钢是在规定奥氏体化条件下测定的。如果实际奥氏体化条件发生了变化，本质细晶粒钢并非一定是细小奥氏体晶粒；本质粗晶粒钢也并非一定是粗大的奥氏体晶粒。图4-11所示为两类钢奥氏体晶粒大小与加热温度的关系。可见，本质细晶粒钢在930~950℃以下，奥氏体晶粒长大倾向小。这种钢可在930℃高温下渗碳后直接淬火，而不至引起奥氏体晶粒粗大。对于本质粗晶粒钢，奥氏体化时必须严格控制加热温度，以防过热引起奥氏体晶粒粗大。从图4-11中还可以看出，高于950℃后，本质细晶粒钢的长大倾向迅速增加。这是因为本质细晶粒钢晶粒细小，单位体积晶界面积大，界面能高，处于不稳定状态，达到一定条件时晶粒就会迅速长大。这再次说明，稳定、亚稳定或不稳定是相对的。

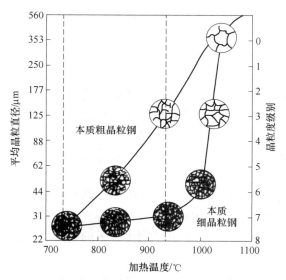

图4-11　加热温度对奥氏体晶粒大小的影响

4.4.2　影响奥氏体晶粒尺寸的因素

奥氏体晶粒长大的驱动力是界面能。界面能越高，晶粒长大倾向性越大。而晶粒长大主要表现为晶界的移动，晶界移动又是通过原子在晶界附近的扩散来实现的。影响奥氏体晶粒长大的因素可分为内因和外因。

4.4.2.1　内因

对于被处理工件，内因主要包含化学成分、冶炼方法和原始组织。

A　化学成分

随碳的质量分数的增加，碳原子在奥氏体中的扩散速度及铁原子的自扩散速度均增加，奥氏体晶粒长大倾向增大。但当碳的质量分数超过一定限度时，由于过剩二次渗碳体的存在，反而阻碍了奥氏体晶粒的长大。通常过共析钢在 $A_{c1} \sim A_{ccem}$ 之间加热可以保持较为细小的奥氏体晶粒。

按合金元素对晶粒长大倾向的影响程度可大致分为 4 类：

（1）强烈阻止奥氏体晶粒长大的合金元素：Nb、Ti、Zr、V、Al（少量）等。因它们容易形成难溶碳（氮）化物，其稳定性好、熔点高，不易聚集长大，将强烈阻止奥氏体晶粒长大。

（2）中等阻碍奥氏体晶粒长大的元素：W、Mo、Cr 等。

（3）阻止奥氏体晶粒长大倾向较弱的元素：Si、Co、Ni、Cu 等。

（4）促进奥氏体晶粒长大的元素：P、Mn 等。

当多种合金元素同时加入时，对奥氏体晶粒长大的影响比较复杂，需要通过实验来测定。

B　冶炼方法

冶炼时用铝脱氧，形成大量稳定、弥散、难溶的 Al_2O_3 和 AlN，阻止奥氏体晶界移动。因此，本质细晶粒钢中，往往加入 Al、V、Ti 脱氧，一般常用的是 Al，重要的钢用 V，特别有效的是 V-Al 混合脱氧剂。但固溶 Al 的量超过一定限度时反而粗化奥氏体晶粒。用硅、锰脱氧则得到本质粗晶粒钢，奥氏体长大倾向较大。

C　原始组织

原始组织主要影响奥氏体的起始晶粒度。原始组织越细小，碳化物弥散度越大，奥氏体起始晶粒度越大。

4.4.2.2　外因

A　加热温度和保温时间

加热温度和保温时间对奥氏体晶粒度的影响如图 4-12 所示。由图 4-12 可知，加热温度越高，保温时间越长，奥氏体晶粒越粗大。在一定加热温度下，都存在一个奥氏体晶粒的加速长大，之后，长大速度趋缓或停止长大的过程。加热温度越高，初期的奥氏体晶粒长大越快。

B　加热速度

加热速度越快，过热度越大，相变驱动力越大，N/G 比值越大，获得的奥氏体起始晶粒度越大，奥氏体晶粒越细小。起始晶粒尺寸小，奥氏体晶粒长大的驱动力大，所以，奥氏体实际晶粒尺寸取决于保温时间，在保证奥氏体成分均匀的情况下，应尽量缩短保温时间。

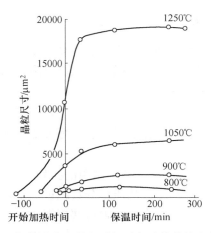

图 4-12　加热温度和保温时间对奥氏体晶粒度的影响

4.5　奥氏体的性能特点与奥氏体钢

4.5.1　奥氏体的性能特点

奥氏体是高温稳定相，只有加入大量扩大奥氏体相区的合金元素，才有可能成为室温稳定相。在奥氏体状态下使用的钢称为奥氏体钢（austenitic steels）。

面心立方结构的奥氏体因滑移系多而塑性好，加工成型性好，但硬度和屈服强度不高。又因为面心立方结构是一种最密排的结构，所以奥氏体的比容最小。奥氏体钢的热强性好，可用作高温用钢，这是因为奥氏体中铁原子的自扩散激活能大、扩散系数小。也因为如此，奥氏体钢加热时，不宜采用过快的加热速度，以免热应力过大而导致工件变形。此外，奥氏体具有顺磁性，可以作为无磁性钢。利用这一物理特性非常容易区分马氏体不锈钢和奥氏体不锈钢。奥氏体的线膨胀系数大，可用来制作膨胀灵敏的仪表元件。

4.5.2　典型的奥氏体钢[*]

4.5.2.1　奥氏体型不锈钢

Ni、Mn、Co 是扩大 γ 相区的合金元素，能和 γ-Fe 无限互溶。1Cr18Ni9 等 18-8 型不锈钢是在奥氏体组织状态下应用的典型奥氏体钢种，其成分特点是低碳高铬镍。Cr 是不锈钢获得耐蚀性的最基本元素，Cr 能使钢表面很快生成致密的氧化膜，且质量分数在 13%以上时，大大提高钢的电极电位。Ni 的质量分数高于 8%后，钢常温时的组织为单相奥氏体，从而提高钢抗电化学腐蚀能力。奥氏体钢具有化学稳定性好、热强性高、塑性韧性和焊接性能良好的特点。

奥氏体钢一般采用固溶处理，即加热到 920~1150℃使碳化物溶解后快冷，防止晶界析出过剩相，一般采用空冷，大截面零件则采用水冷。固溶处理可以达到 3 个目的：

（1）获得单相奥氏体组织，如果不锈钢中析出铬的碳化物，耐蚀性下降；

（2）消除冷加工或焊接引起的内应力；

（3）对有晶间腐蚀倾向的钢，固溶处理使析出的碳化物重新溶入奥氏体。

铬镍奥氏体不锈钢在 450～850℃ 之间保温会出现晶间腐蚀。晶间腐蚀（intergranular corrosion）是指在某些腐蚀介质中沿着或紧靠晶界发生的局部腐蚀。铬镍不锈钢中碳的质量分数越高，晶间腐蚀倾向越大。因为沿晶界易析出铬的碳化物，使晶界附近出现铬的贫化区，导致耐蚀性下降。防止晶间腐蚀的措施有：

（1）碳的质量分数降低到 450～850℃ 时碳的溶解度极限，就不会析出铬的碳化物；

（2）加入能形成比铬的碳化物更稳定的碳化物形成元素，如钛和铌，并进行稳定化处理，即让铬的碳化物全部溶解，而保留部分钛或铌的碳化物。然后缓慢冷却，使 TiC 或 NbC 充分析出，而不至于析出铬的碳化物。

奥氏体型不锈钢具有良好韧性、塑性和焊接性能，加工硬化能力也强。同时具有良好的抗氧化、抗硫酸、抗磷酸、抗尿素等耐蚀性。主要的钢种有：0Cr18Ni9、1Cr18Ni9、1Cr18Ni9Ti 等。

还有一种固溶和时效处理后均为稳定奥氏体组织的钢称奥氏体沉淀硬化不锈钢，是沉淀硬化型不锈钢（precipitated hardening stainless steels，常称 PH 钢）中的一种。其 Cr 的质量分数在 13% 以上，Ni（25% 以上）和 Mn 含量高。此外，Ti、Mo、V 或 P 作为沉淀硬化合金元素，为了获得优良的综合性能还加入 B、V、N 等微量元素。

4.5.2.2 奥氏体耐热钢

奥氏体耐热钢是在奥氏体不锈钢的基础上发展起来的一类耐热钢。这类钢利用了固溶强化、碳化物或金属间化合物弥散强化，其高温强度比珠光体或马氏体耐热钢的高，其塑性、韧性、抗氧化性和焊接性能优良，使用温度范围可在 600～750℃。为了进一步提高强度，可在 18Cr-8Ni 型不锈钢基础上加入 W、Mo、V、Ti、Nb 等合金元素。

4.5.2.3 高锰钢（High manganese steel）

高锰钢是主要耐磨钢之一，含 0.9%～1.2%（质量分数）C、11%～14% Mn、0.3%～0.8% Si，铸造成型，典型钢种如 ZGMn13。当 Mn 的质量分数达到 11%～14% 时，1050～1100℃ 奥氏体化使钢中碳化物全部溶入奥氏体，然后迅速水冷，获得均匀的奥氏体组织，这种工艺称为水韧处理（water toughening）。

水韧处理后的高锰钢硬度低、韧性好，但受冲击载荷后，表面奥氏体产生强烈的加工硬化，硬度急剧上升，而心部仍是高韧性的奥氏体。所以，高锰钢广泛应用于既耐磨损又耐冲击的零件，如防弹板，挖掘机、拖拉机、坦克等的履带板等。

在 Mn13 中加入强碳化物形成元素 Mo、V、Ti 等，得到耐磨性更好的沉淀硬化高锰钢（precipitated hardening hadfield steel）。这种钢的热处理也是先固溶处理得到单一的奥氏体，然后在 400～800℃ 进行时效强化处理，在奥氏体基体上弥散分布 MoC、Mo_2C、V_4C_3、VC、TiC 等第二相。

4.5.2.4 奥氏体形变热处理钢

奥氏体形变热处理钢又称为低温形变热处理钢。碳的质量分数一般在 0.3%～0.4%，钢中必须加入大量 Cr、Mn、Ni、Mo 等合金元素，以保证在珠光体和贝氏体之间的温度范围内（500～600℃）塑性变形时，过冷奥氏体具有足够的稳定性。这种钢的抗拉强度可达 3000MPa，韧性和疲劳性能很好。

—— **本章小结** ——

（1）奥氏体化的核心问题是奥氏体的组织状态，包括晶粒大小、均匀性、是否存在其他相等，它直接影响随后冷却过程中得到的组织和性能。

（2）奥氏体化包含4个基本过程：奥氏体形核、晶核向 α 和 Fe_3C 两个方向长大、剩余碳化物溶解和奥氏体均匀化。

（3）奥氏体形核率随过热度增加而增大；晶粒长大的驱动力是界面能，第二相粒子起阻止晶粒长大的作用。奥氏体长大速度随形成温度的升高而单调增大。

（4）随着加热速度的增加，奥氏体的形成温度升高，奥氏体的起始晶粒尺寸减小，奥氏体基体的平均碳质量分数降低，剩余碳化物增多。

（5）影响奥氏体晶粒长大的因素分为内因和外因两个方面，内因包括化学成分、冶炼方法和原始组织；外因主要是奥氏体化工艺，包括加热温度、保温时间和加热速度等。

复习思考题

4-1　什么叫奥氏体？

4-2　奥氏体的结构及性能特点如何？

4-3　碳位于 γ-Fe 的八面体间隙位置，实际最大溶碳量为 2.11%，试计算平均几个 γ-Fe 晶胞才能容纳一个碳原子？

4-4　试述共析钢奥氏体化过程。

4-5　何谓奥氏体晶粒度、起始晶粒度、实际晶粒度和本质晶粒度？

4-6　细化奥氏体晶粒有何意义？

4-7　细化奥氏体晶粒的措施有哪些？

4-8　说明影响奥氏体实际晶粒度的因素。

4-9　解释共析钢奥氏体化时，为什么总是铁素体先消失？

4-10　画出共析钢奥氏体等温转变曲线，说明温度对奥氏体转变的影响。

4-11　影响过冷奥氏体等温转变的因素有哪些？

4-12　连续加热时奥氏体化有何特点？

4-13　影响奥氏体形成速度的因素有哪些？

4-14　奥氏体晶粒长大的驱动力和阻力是什么？

4-15　什么叫奥氏体钢？其性能特点有哪些？它适合作何种钢种？

5 扩散型相变（Ⅱ）——珠光体转变

目的与要求：掌握珠光体的组织结构和形貌特点、珠光体转变的过程、珠光体转变动力学及其影响因素。了解珠光体钢、相间沉淀、魏氏组织和派敦处理。

在进行退火或正火热处理时，由于冷却缓慢，经奥氏体化后的钢在略低于 A_1 温度将发生平衡分解，生成铁素体和渗碳体的双相组织，这一过程称为平衡共析转变（equilibrium eutectoid transformation）。又因为光学显微镜下观察到转变产物呈珠光般光泽，所以定名为珠光体（pearlite）。珠光体转变在高温下进行，是典型的扩散型相变。大部分情况下，珠光体组织是预备热处理得到的一种"中间组织"，对最终热处理后钢的性能有重要影响。珠光体组织也可以是"终态组织"，这就是珠光体钢。20 世纪 80 年代以来，作为"终态组织"的珠光体开始应用于生产实际，如钢轨钢和高强度冷拔钢丝用钢等。

5.1 珠光体的组织结构

珠光体是奥氏体发生共析分解（$\gamma_{0.77} \rightarrow \alpha_{0.0218} + Fe_3C_{6.69}$）生成的铁素体和渗碳体的两相混合物，两相具有固定的相对量。由共析反应式可知，珠光体转变也伴随点阵重构和碳原子重新分配。假设碳是一种"财富"，则大量财富集中在极少数渗碳体中，少量财富集中在大量铁素体中，这种两极分化是结构变化引起的，与和平时期（平衡条件）经济发展的基本规律吻合。根据渗碳体的形态，可将珠光体分为片状珠光体（见图 5-1（a））和粒状或球状珠光体（见图 5-1（b））两种。

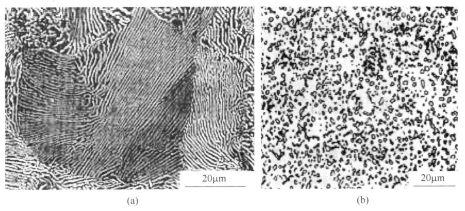

(a) (b)

图 5-1 片状和粒状珠光体组织的金相照片

（a）片状珠光体；（b）粒状珠光体

5.1.1　片状珠光体

片状或层状是珠光体最典型的组织形态，是一片铁素体和一片渗碳体交替紧密堆叠而成，如图 5-2（a）所示。一对铁素体片和渗碳体片的总厚度称为珠光体层间距，用 S_0 表示。若干大致平行的铁素体和渗碳体片组成的区域称为珠光体团（pearlite group）。在一个奥氏体晶粒内，可以形成几个珠光体团，如图 5-2 所示。

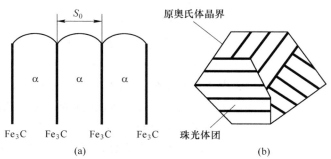

图 5-2　珠光体层间距与珠光体团示意图

（a）片状珠光体层间距；（b）珠光体团

珠光体层间距与转变温度或过冷度密切相关，随转变温度的下降或过冷度的增加，层间距减小。因为温度越低，碳原子的扩散速度越慢，难以作较大距离的迁移；另一方面，过冷度越大，相变驱动力越大，允许增加的相界面也越多，与形核率随过冷度增加而增加是对应的。碳素钢中珠光体层间距 $S_0(\mathrm{nm})$ 与过冷度 ΔT 之间必然存在对应关系，根据实验数据可以得到以下经验关系式：

$$S_0 = \frac{8.02}{\Delta T} \times 10^3 \tag{5-1}$$

该经验关系式的适用范围必须与珠光体的形成条件相对应。

在一定的温度下，珠光体组织中每个珠光体团内的片间距不一定是个恒定值，而是一个统计平均值。

如果过冷奥氏体是在连续缓慢冷却过程中发生分解，即珠光体在一个温度范围内形成，那么，在较高温度下形成的珠光体的层间距大，而较低温度下珠光体层间距小。这种不均匀的珠光体组织将导致力学性能的不均匀，会影响钢的切削性能。

珠光体团的尺寸主要取决于奥氏体晶粒的大小，也与形核率有关。

根据层间距的大小，可将片状珠光体分成珠光体（pearlite）、索氏体（sorbite）和托氏体（troostite）三种，其 S_0 分别为 150～450nm、80～150nm 和 30～80nm。三种组织的转变统称为珠光体型转变。

层间距和珠光体团尺寸对钢的力学性能的影响类似于晶粒尺寸对性能的影响，尤其是层间距。

5.1.2　粒状珠光体

在铁素体基体上分布着粒状渗碳体的组织，称为粒状或球状珠光体（见图 5-1（b））。粒状珠光体可在特定的奥氏体化工艺条件或特定冷却工艺条件下得到，一般是经球化退火处理获得。粒状渗碳体的大小、形态和分布是可控的，主要的控制因素是原始组织、塑性变形和退火工艺。

珠光体有多种形态，但本质上都是铁素体和渗碳体的两相混合体。由铁碳相图可知，碳的质量分数在0.0008%～6.69%之间的铁碳合金，室温下都是由铁素体和渗碳体两相组成，但组成的方式不同，性能上的差异很大。

退火状态下，珠光体中的铁素体和渗碳体内部位错密度较低，而铁素体和渗碳体之间的相界面处位错密度较高，铁素体片内存在亚晶界。由于铁素体和渗碳体同时从奥氏体中析出，铁素体和渗碳体之间往往存在一定的位向关系。所以珠光体并不是铁素体和渗碳体的简单机械混合物。

5.2　珠光体转变热力学条件与转变机理

5.2.1　珠光体转变的热力学条件

在共析转变温度，共析钢处于奥氏体、铁素体和渗碳体三相平衡状态。三个相的自由能-成分曲线存在一条公切线，如图5-3（a）所示，三个切点代表三个平衡相的相成分。

当温度下降到T_2时，奥氏体、铁素体和渗碳体的自由能曲线的相对位置发生了变化，如图5-3（b）所示。三个相中，每两相自由能曲线之间可以作出一条公切线，共有三条公切线。其中，在共析成分处，铁素体和渗碳体自由能曲线的公切线处于最低位置，铁素体与奥氏体和奥氏体与渗碳体之间的公切线较高，奥氏体的自由能曲线最高。所以，在T_2温度下，奥氏体是不稳定相，铁素体+渗碳体是最终的转变产物。因为珠光体转变通常是在高温下进行的，扩散激活能门槛值低，相变所需驱动力较小，所以，珠光体转变能在较小的过冷度下发生。

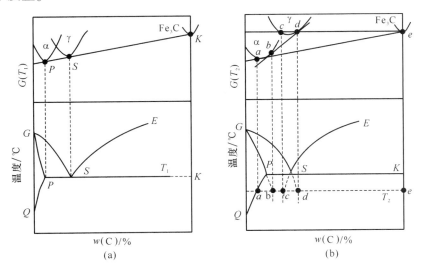

图5-3　Fe-C合金中各相在不同温度下的自由能-成分的曲线

（a）T_1；（b）T_2

5.2.2　珠光体转变机制

5.2.2.1　片状珠光体形成机理

共析钢发生珠光体转变时，共析成分的奥氏体将转变成铁素体和渗碳体的双相组织，转变过程发生的变化为：

相组成　　　　　　　γ　　　$\rightarrow$　　　$(\alpha$　　$+$　　$Fe_3C)_{共析}$
碳的质量分数/%　　0.77　　　　　0.0218　　　　　6.69
点阵结构　　　面心立方　　　体心立方　　　复杂斜方

可见，珠光体转变包含两个不同的过程：点阵重构和碳的重新分布。

珠光体转变的本质是基体金属铁的同素异构。金属铁发生同素异构转变是绝对的，是永远不可抑制的本性，除非铁变成溶质原子，那就不是铁基合金了。可以改变的只是同素异构转变的温度，转变温度与冷却速度和铁中溶入其他元素及其溶入量有关。高温下面心立方的奥氏体能溶入较高含量的碳（平衡条件极限碳质量分数为2.11%），共析温度以下，基体金属铁必须发生同素异构转变，形成体心立方的铁素体，而体心立方的铁素体溶不了那么多碳（平衡条件极限碳质量分数为0.0218%）。那么，奥氏体中多余的碳必须无条件的脱溶出来，一般以渗碳体的形式析出（绝对平衡条件下碳以石墨的形式脱溶）。可见，碳的分配制度由体制结构决定。

珠光体转变也是通过形核和长大过程进行的。由于珠光体是由两相组成的，因此存在哪个相首先形核的问题。自从1942年提出这个问题以来，学术上一直都有争议。尽管近年来对领先相的认识基本趋于一致，但领先相的问题除具理论意义外，没有任何实际工程应用价值。

一般认为，领先相析出与钢的化学成分、奥氏体化条件及珠光体转变条件有关。例如，亚共析钢的领先相是铁素体；过共析钢的领先相是渗碳体。过冷度小时，渗碳体是领先相；过冷度大时，铁素体是领先相。

其实，共析转变时铁素体和渗碳体同时出现的可能性极大。因为珠光体中的铁素体和渗碳体具有固定的化学成分和固定的相对量。珠光体不是铁素体和渗碳体两相简单地"机械混合"，两相的形核与长大是相辅相成的。碳原子在奥氏体中的分布不均匀是绝对的，奥氏体均匀化只是相对的。所以，奥氏体中总是同时存在贫碳区和富碳区，贫碳区有利于铁素体析出，富碳区有利于渗碳体析出。

无论哪个相为领先相，形核的最有利部位都是奥氏体晶界，因为晶界处的结构起伏、成分起伏和能量起伏最大。如果渗碳体晶核从晶界开始形核长大，将从其周围的奥氏体中吸取碳原子，导致Fe_3C/γ界面靠近γ一侧出现贫碳区。贫碳区又有利于铁素体形核长大，铁素体的形核长大是个"排碳"的过程，又导致α/γ界面靠近γ一侧出现富碳区，富碳又促进渗碳体的晶核长大。铁素体和渗碳体相辅相成，协调合作，交替形核生长，如此反复直至一个珠光体团与另一个珠光体团相遇，奥氏体全部转变为珠光体时，珠光体转变结束。

片状珠光体以横向和纵向两种方式同时生长，纵向长大是渗碳体片和铁素体片同时连续向奥氏体晶粒内部延伸，"排碳"与"吸碳"同时进行；横向长大是渗碳体片与铁素体片交替堆叠增厚，"排碳"与"吸碳"交替进行。片状珠光体转变过程示意如图5-4所示。

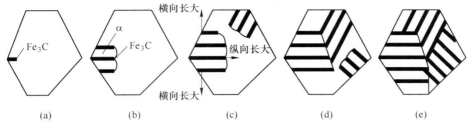

图 5-4　片状珠光体转变过程示意图

片状珠光体形成时，碳原子的扩散包括在奥氏体中的体扩散和界面扩散，如图 5-5 所示。

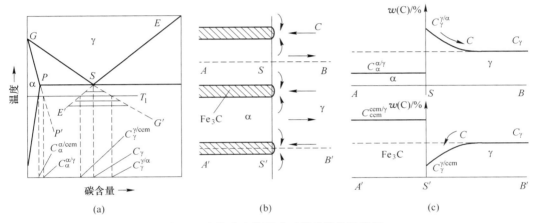

图 5-5　片状珠光体形成时碳的扩散示意图

在 T_1 温度下，γ/α 和 γ/Fe_3C 相界面靠近 γ 一侧的碳浓度分别为 $C_\gamma^{\gamma/\alpha}$ 和 $C_\gamma^{\gamma/cem}$，由相图可知，$C_\gamma^{\gamma/\alpha} > C_\gamma^{\gamma/cem}$，这表明奥氏体内部存在碳浓度梯度，从而引起体扩散。扩散的结果是，与铁素体相邻的奥氏体中碳的质量分数下降，与渗碳体相邻的奥氏体中碳的质量分数升高，破坏了该温度下相界面处的相平衡。为此，相界面必须移动以维持相平衡。γ/α 界面向奥氏体一侧推移，使界面处奥氏体的含碳量升高；γ/Fe_3C 界面向奥氏体一侧推移，导致界面处奥氏体的碳含量下降。

5.2.2.2　粒状珠光体形成机理

A　过冷奥氏体直接分解成粒状珠光体

奥氏体化温度低，保温时间短时，奥氏体化不充分，奥氏体中尚存在许多微小的富碳区，甚至存在未溶解的剩余碳化物。缓慢冷却到 A_1 以下，或在稍低于 A_1 温度下长时间保温，过冷奥氏体晶粒内部的未溶解碳化物就是现成的渗碳体晶核，富碳区就是渗碳体优先形核的部位。不同于奥氏体晶界上的形核，在奥氏体晶粒内部形成的渗碳体核心将向四周长大成粒状。

B　片状珠光体球化退火形成粒状珠光体

如果原始组织已经是片状珠光体，将其加热到 A_{c1} 以上 20~30℃，保温一定时间，然后缓慢冷却到 A_{r1} 以下 20℃ 左右等温一段时间，随后空冷，则片状珠光体能够自发地转变成粒状珠光体，这种使钢中碳化物球状化的热处理工艺称为球化退火（Spheroidizing annealing）。对于存在网状二次渗碳体组织的过共析钢，应先进行正火处理（完全奥氏体化后较快速冷却），消除网状组织，然后再进行球化退火。

将片状珠光体加热到 A_{c1} 以上较高温度长时间保温，片状渗碳体也可能发生破裂和球化。

根据胶态平衡理论，第二相粒子的溶解度与粒子的曲率半径有关，曲率半径越小，溶解度越大。因为曲率半径较小处，弹性应变能较大，溶质原子容易偏聚。片状渗碳体不仅薄厚不均，而且凹凸不平。因此，与渗碳体尖角接触的奥氏体（A_{c1} 以上）或铁素体（A_{r1} 以下）具有较高的碳浓度，而与渗碳体平面处相接触的奥氏体或铁素体具有较低的碳浓度。这样，渗碳体界面附近的基体内部存在碳浓度差，将引起碳的扩散。扩散的结果破坏了界面处的碳浓度平衡。为了维持界面碳浓度的平衡，渗碳体尖角处将溶解使其曲率半径增大；渗碳体平面处将长大，使其曲率半径减小。这一过程持续发生，直至各处曲率半径相近，即渗碳体破裂及球化。

片状渗碳体的断裂还与渗碳体片内存在亚晶界或高密度位错有关，如图 5-6 所示。亚晶界的存在会使渗碳体内产生一界面张力，导致与基体相接触处出现沟槽，沟槽两侧渗碳体的曲率半径较小，与之接触的基体碳浓度较高，引起基体内部碳原子的扩散，并在附近平面渗碳体上析出渗碳体。为了维持界面平衡，凹坑两侧的渗碳体尖角逐渐被溶解，而使曲率半径增大。结果又破坏了该处相界面表面张力的平衡。为了维持表面张力的平衡，凹坑将因渗碳体继续溶解而加深。这样下去，渗碳体将逐渐被溶穿。之后，断裂的渗碳体再通过尖角处溶解，平面处长大的形式逐渐球状化。

对组织为片状珠光体的钢进行塑性变形，将增大珠光体中铁素体和渗碳体的位错密度和亚晶界数量，也使渗碳体片碎化，有促进渗碳体球化的作用。

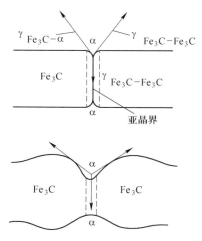

图 5-6　片状渗碳体球化过程示意图

5.2.3　具有先共析相析出的珠光体转变和伪共析转变

亚（过）共析钢的珠光体转变与共析钢的珠光体转变基本相似，只是亚（过）共析钢发生珠光体转变之前，先析出先共析相。亚共析钢的先共析相是铁素体，过共析钢的先共析相是渗碳体。如果冷却速度较大时，亚（过）共析钢还会发生伪共析转变。

5.2.3.1　亚共析钢的珠光体转变

亚共析钢完全奥氏体化后冷却经过奥氏体+铁素体两相区时，将有先共析铁素体析出。析出量取决于奥氏体中碳的质量分数和析出温度或冷却速度。碳的质量分数越高，冷却速度越快，析出温度越低，先共析铁素体的量越少。

先共析铁素体的析出也是一个形核和核长大的过程，并受碳原子在奥氏体中的扩散所控制。奥氏体晶界是先共析铁素体优先形核的位置，且铁素体晶核与奥氏体晶粒存在位向关系并保持共格。当然，由于相邻奥氏体晶粒取向不同，铁素体不可能同时与其两侧的奥氏体晶粒存在位向关系和保持共格。先共析铁素体形核后，因铁素体"排碳"，与其相邻的奥氏体的碳浓度将增加，使奥氏体内形成浓度梯度，从而引起碳的扩散，结果导致界面处碳平衡被破坏。为恢复平衡，先共析铁素体与奥氏体的相界面需向奥氏体一侧移动，从而使铁素体不断长大。

先共析铁素体的形态有 3 种：等轴状、网状和片状，分别如图 5-7（a）、（b）和（c）所示。一般认为，等轴状和网状铁素体是由铁素体晶核的非共格界面推移而形成；片状铁素体则是由铁素体晶核的共格界面推移而形成。先共析铁素体的形态与钢的化学成分、奥氏体晶粒度和冷却速度等因素有关。例如，当奥氏体晶粒较细小、等温温度较高或冷却速度较慢时，先共析铁素体一般呈等轴状。反之，先共析铁素体可能沿奥氏体晶界呈网状析出。当奥氏体成分均匀、晶粒粗大、冷却速度又比较适中时，先共析铁素体可能沿一定晶面在奥氏体晶内析出，并与奥氏体有共格关系，此时先共析铁素体的形态为片（针）状。

因为先共析铁素体的析出是个"排碳"的过程，奥氏体"吸收"碳使碳质量分数逐渐上升，达到共析点时将发生共析反应生成珠光体。所以亚共析钢的室温平衡组织是铁素体+珠光体。

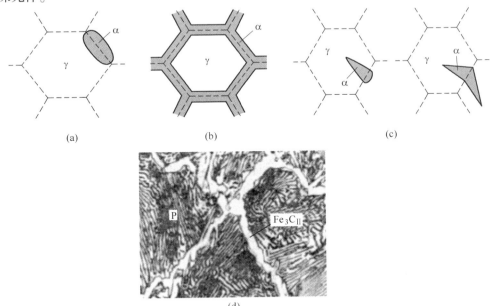

图 5-7 先共析铁素体（a，b，c）和先共析渗碳体（d）的形态

5.2.3.2 过共析钢的珠光体转变

过共析钢完全奥氏体化后，冷却到奥氏体+渗碳体两相区时将析出先共析渗碳体。析出量同样取决于奥氏体中碳的质量分数和析出温度或冷却速度。碳的质量分数越低，析出温度越低或冷速越快，先共析渗碳体的量越少。先共析渗碳体的组织形态可以是粒状、网

状或针（片）状。如果过共析钢奥氏体化温度过高，冷速过慢，即奥氏体成分均匀且晶粒粗大时，先共析渗碳体一般呈网状或针（片）状，如图 5-7（d）所示，这将显著增加钢的脆性。因此，过共析钢退火加热温度（奥氏体化）必须在 A_{ccm} 以下，以免形成网状渗碳体。如果已经形成了网状渗碳体，应当正火处理，将过共析钢加热到 A_{ccm} 以上，使渗碳体全部溶入奥氏体中，然后较快速冷却。

将一种沿母相特定晶面析出的针状组织称为魏氏组织（Widmanstatten structure），它是因奥地利矿物学家 A. J. Widmanstatten 于 1808 年在铁镍陨石中发现而命名的。工业上将片状铁素体或渗碳体加珠光体的组织称为魏氏组织。魏氏组织中的片状铁素体或渗碳体被称为魏氏组织铁素体或魏氏组织渗碳体。直接从奥氏体中析出的针状先共析铁素体被称为"一次魏氏组织铁素体"。在较高温度下，先析出的铁素体可能沿奥氏体晶界成网状，在随后的冷却过程中，由网状铁素体的一侧以针状向晶内长大，形成"二次魏氏组织铁素体"。单个魏氏组织铁素体呈针状，而从形态分布上看，则有羽毛状、三角形状或几种形态的混合状。因此，要特别注意不要把魏氏组织与上贝氏体组织（见第 8 章）混淆起来。尽管两种羽毛状组织形态很相似，但分布状况不同。上贝氏体成束分布，而魏氏体组织铁素体则彼此分离，片间有较大的夹角。

魏氏组织以及经常与之伴生的粗晶组织，会使钢的力学性能，尤其是塑性和冲击韧性显著下降。粗晶魏氏组织还会使钢的韧脆转变温度升高。这种情况下，必须采用细化晶粒的正火、退火以及锻造等方法消除魏氏组织及粗晶组织。

5.2.3.3 伪共析转变

成分接近共析点的合金，快速冷却而进入 $E'SG'$ 区，见图 5-5（a），将发生共析转变，生成铁素体和渗碳体的混合组织。这种由非共析成分合金转变为全部由珠光体组成的组织称为伪共析组织（pseudo-eutectoid structure），$E'SG'$ 线以下的阴影区域称为伪共析转变区。毫无疑问，伪共析组织是非平衡转变产物。虽然伪共析的转变机理和分解产物的组织特点与珠光体转变完全相同，但其中的铁素体和渗碳体的相对含量与珠光体的不同。产生伪共析转变的条件与奥氏体中碳的质量分数及过冷度有关。碳的质量分数越接近共析成分，过冷度越大，先共析相来不及析出，越易发生伪共析转变。

5.3 珠光体转变动力学

珠光体转变是典型的形核与长大过程，转变速度取决于形核率和长大速度。因此，珠光体等温转变的动力学符合扩散型相变的普遍规律。

5.3.1 珠光体的形核率 N 和长大速度 G

扩散型相变动力学的普遍规律是：形核率和长大速度均受两个因素所控制，扩散起主导作用时，温度越低，转变所需的时间越长；驱动力起主导作用时，温度越低，驱动力越大，转变所需时间越短。可见，两个控制因素随温度的变化是对立的。因此，形核率和长大速度与转变温度之间的关系曲线上必然存在一个最大值，如图 5-8 所示。

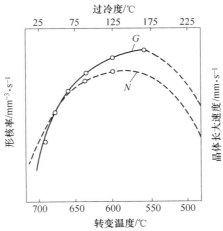

图 5-8 共析钢珠光体转变的形核率 N 及线长大速度 G 与过冷度的关系

5.3.1.1 形核率

在均匀形核条件下，珠光体的形核率与转变温度 T 之间的关系如下：

$$N = N_0\exp[-(Q+W)/(kT)] = N_1\exp[-Q/(kT)]N_2\exp[-W/(kT)] \quad (5\text{-}2)$$

式中　Q——扩散激活能；

　　　W——临界形核功。

式（5-2）中的第一项 $N_1\exp[-Q/(kT)]$ 受扩散控制，第二项 $N_2\exp[-W/(kT)]$ 受驱动力控制。

5.3.1.2 长大速度

珠光体长大依靠铁素体和渗碳体的协同生长进行，珠光体团各方向上的长大速度 G 基本相等。由式（3-19）可知，长大速度 G 正比于碳的扩散能力，反比于珠光体的片间距，还与相界面及相内的浓度差或浓度梯度有关。所以，在一定相变温度下（浓度差一定），长大速度可由下式表示：

$$G = KD_C^{\gamma}/S_0 \quad (5\text{-}3)$$

式中　K——常数；

　　　D_C^{γ}——碳在奥氏体中的扩散系数；

　　　S_0——片状珠光体的层间距。

由于 S_0 反比于过冷度 ΔT，而 K 正比于 ΔT，所以式（5-3）可改写为：

$$G = K'\Delta T^2 D_C^{\gamma} \quad (5\text{-}4)$$

由此可见，随转变温度下降，ΔT 增加，D_C^{γ} 减小。所以珠光体团的长大速度 G 也存在极大值。对于碳素共析钢，极大值大约出现在 550℃，如图 5-8 所示。

珠光体长大速度与碳原子的扩散密切相关。过去认为，长大速度受碳原子在奥氏体中的体扩散（D_C^{γ}）所控制。最新的研究表明，碳的重新分配还与界面扩散（短程扩散）有关。究竟哪种扩散起主导作用，取决于珠光体的层间距和合金成分。

5.3.1.3 N 和 G 与转变时间的关系

保温时间对 G 没有明显影响，但对 N 的影响却十分显著，如图 5-9 所示。转变初期，可供珠光体形核的界隅、界棱位置较多，随转变时间的延长，适于珠光体形核的位置越来越少，最后达到饱和。

5.3.2　珠光体转变动力学图

由第一部分第 3 章可知，等温时且 N 和 G 不随时间变化的条件下，理论上新相的转变量可由 Johson-Mehl 方程或 Avrami 经验方程计算，而实际珠光体等温转变动力学图都是用实验方法测定。由珠光体转变温度、时间和转变量三者之间的关系确定的 TTT 或 C 曲线是制定热处理工艺的重要参考。C 曲线的种类和影响因素参见第三部分，本章只讨论亚共析钢和过共析钢的 C 曲线。

对于亚共析钢，完全奥氏体化时（实际生产中可以不完全奥氏体化），珠光体转变前有先析出相

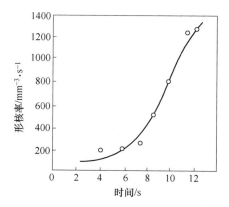

图 5-9　共析钢在 680℃珠光体转变时形核率与等温时间的关系

铁素体，先析出铁素体相的转变动力学曲线也呈"C"形，位于珠光体转变动力学曲线的左上方（见图 5-10（a）），且随碳的质量分数的增加，该曲线向右下方移动。因为铁素体的形核和长大是要排碳的，奥氏体中碳的质量分数增加将使铁素体形核率下降，铁素体长大时需要扩散离去的碳量增加，所以亚共析钢中碳的质量分数增加，其 C 曲线右移，珠光体转变速度也减慢。

同样，如果过共析钢完全奥氏体化，在珠光体等温转变动力学曲线左上方有一条先共析相渗碳体的析出曲线（见图 5-10（b）），随碳的质量分数的增加，该曲线向左上方移动。因为碳的质量分数增加有利于渗碳体的形核和长大，先析出相渗碳体转变的孕育期缩短。过共析钢完全奥氏体化时，随碳的质量分数的增加，珠光体转变速度加快。

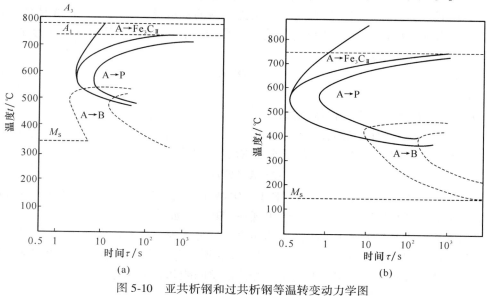

图 5-10　亚共析钢和过共析钢等温转变动力学图
（a）亚共析钢；（b）过共析钢

总体来说，共析钢的过冷奥氏体相对最稳定，C 曲线位置最靠右。如果非共析钢采用不完全奥氏体化，组织不均匀、存在先析出相，都有促进珠光体形核和长大的作用。

5.3.3　影响珠光体转变速度的因素

珠光体的转变量取决于形核率和长大速度，因此，凡是影响形核率和长大速度的因素，都是影响珠光体转变速度的因素。这些因素可分为两类：一类是材料的内在因素，如化学成分和原始组织等；另一类是外在因素，包括加热温度和保温时间等。

5.3.3.1　影响珠光体转变速度的内因

A　化学成分

a　碳的质量分数

碳的质量分数是指溶入到奥氏体中的碳质量分数，只有完全奥氏体化时，奥氏体中碳的质量分数才与钢的碳质量分数相同。

对于亚共析钢，随着奥氏体中碳的质量分数增加，先共析铁素体的析出速度减慢，珠光体转变的孕育期增长，转变速度也随之减慢。因为在相同转变条件下，奥氏体中碳的质量分数越高，铁素体通过成分起伏而形核的几率减小，铁素体长大时所需"排碳"的量也增加，所以铁素体的析出速度减慢。

对于过共析钢，随着奥氏体中碳的质量分数的增加，珠光体转变速度加快。因为碳的质量分数增加，有利于领先相渗碳体的形核，也使珠光体转变的孕育期缩短，转变速度加快。

基于上述分析，共析钢的过冷奥氏体最稳定。

b　合金元素

溶入奥氏体的合金元素显著影响珠光体转变速度。除 Co 以外，其他常见的合金元素使钢的 C 曲线右移，珠光体转变的孕育期变长，推迟珠光体转变，使转变速度减慢。按其影响程度的大小排序为：Mo、Mn、W、Ni、Si。共析钢中加入 0.8% Mo，使过冷奥氏体完全分解所需时间增长 2800 倍。强碳化物形成元素溶入奥氏体虽然也推迟珠光体转变，但如果奥氏体化后仍然存在极难溶解的碳化物，则这些未溶碳化物反而促进珠光体转变。除 Ni、Mn 外，其他常用的合金元素使珠光体转变的温度范围升高。

合金元素影响珠光体转变速度的原因比较复杂，一般认为合金元素从以下几个方面影响珠光体转变速度：

（1）珠光体转变伴随碳原子的重新分配，合金元素的加入将改变碳在奥氏体中的扩散速度。除 Co 以外，大部分合金元素提高碳在奥氏体中的扩散激活能，降低碳的扩散速度，使珠光体转变速度减慢。

（2）合金元素影响点阵重构（驱动力）。绝大部分合金元素使点阵重构受阻，只有 Co 提高了 $\gamma \to \alpha$ 转变的速度。

（3）合金元素的自扩散或再分配。与碳原子一样，合金元素也需要扩散和再分配，而这一过程往往需要更长时间，尤其是碳化物形成元素。

（4）合金元素改变相变临界点。相同转变温度下，临界点的变化意味着相变驱动力的变化。Ni 和 Mn 降低了 A_1 点，即减小了过冷度；Co 提高了 A_1 点，增加了过冷度。

B　原始组织

原始组织粗大，奥氏体化时未溶解碳化物多，均匀化程度低，有利于加快珠光体转变。

5.3.3.2　影响珠光体转变速度的外因

A　奥氏体化温度和保温时间

加热温度和保温时间决定奥氏体成分的均匀性和组织状态，从而对珠光体转变速度产生影响。加热温度低，保温时间短，奥氏体成分不均匀，高碳区有利于形成渗碳体，贫碳区有利于形成铁素体。奥氏体化不充分时可能存在过剩相渗碳体，未溶渗碳体既可以作为先共析渗碳体的非均匀形核核心，也可以作为珠光体的领先相。所以，奥氏体化温度低，保温时间短，均加速珠光体转变。相反，提高加热温度或延长保温时间，奥氏体中碳和其他合金元素的含量增加，奥氏体成分均匀甚至奥氏体晶粒粗大，使珠光体转变的孕育期增长，珠光体形核位置减少，推迟珠光体的转变。

B　奥氏体晶粒度

奥氏体晶粒越细小，单位体积内晶界面积越大，珠光体形核部位越多，加快珠光体转变。

C　塑性变形与应力

塑性变形增加了过冷奥氏体的点阵缺陷和位错密度，有利于原子扩散和点阵重构，加速珠光体转变。

珠光体转变时比体积将增加，所以拉应力促进珠光体转变，而压应力抑制珠光体转变。

5.4　相间析出[*]

1968 年，Davenport 和 Honeycombe 在研究热轧空冷非调质低碳高强度钢时首先发现，含有强碳（氮）化物形成元素的奥氏体在珠光体转变之前或转变过程中，可能在 α/γ 相界面上析出纳米碳（氮）化物，这就是相间析出或称相间沉淀。相间沉淀组织也叫变态珠光体或退化珠光体（degenerate pearlite），细小弥散的特殊碳（氮）化物提高了钢的强度。

5.4.1　组织形态

相间沉淀组织由铁素体与相间沉淀碳（氮）化合物加珠光体组成。相间沉淀物是纳米级颗粒状碳（氮）化合物，颗粒直径随钢的成分和等温温度的不同而发生变化，一般平均直径为 10~20nm，有的甚至小于 5nm。在光学显微镜下，难以观察到相间沉淀物，所以相间组织与典型的先共析铁素体毫无差别。在电镜下，这种特殊碳（氮）化合物呈不规则或相互平行的点列状分布，且分布在有一定间距的平行平面上。图 5-11 是在高倍电子显微镜下观察到的铁素体中分布的极细小碳化物，随着观察方位的不同，碳化物呈平行点列状或不规则分布，相间析出物空间分布示意图如图 5-12 所示。

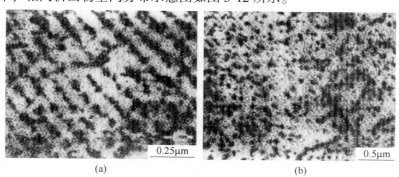

0.25μm　　　　　　　　　　0.5μm
(a)　　　　　　　　　　　　(b)

图 5-11　0.02%C-0.032%Nb 钢在 600℃ 等温 40min 后 NbC 相间析出的分布
(a) 垂直于 γ/α 界面；(b) 平行于 γ/α 界面

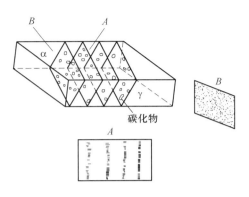

图 5-12 相间析出物空间分布示意图

相间沉淀物颗粒大小和层间距与析出温度（冷却速度）和奥氏体成分有关。冷却速度越快，析出温度越低，析出物尺寸和层间距越小；钢中碳（氮）化合物形成元素和碳的质量分数增加时，相间沉淀物体积分数增加，颗粒尺寸及面间距有所减小。

5.4.2 相间沉淀的机理

本质上讲，相间沉淀也是珠光体共析分解过程，因此相间沉淀机理类似于共析转变。低、中碳微合金钢奥氏体化后冷却到 $A_1 \sim B_s$ 之间（B_s 为贝氏体开始转变温度），首先在过冷奥氏体晶界上形成铁素体，由于铁素体是"排斥"碳的，所以在 α/γ 相界面靠近 γ 相一侧碳的质量分数增加，使铁素体的长大受到抑制，富碳区域将析出碳化物。一方面低含量的合金元素扩散速度慢，另一方面转变温度低，碳的含量也低，所以碳化物不能长大成片，而只能以细颗粒状析出。碳化物的析出为铁素体的继续长大创造了条件，铁素体将越过碳化物进一步长大。如此反复，铁素体与细粒状特殊碳化物交替形成，直至过冷奥氏体完全分解。

相间沉淀的碳化物颗粒与铁素体具有一定的晶体学位相关系，说明相间沉淀物是按共格或半共格关系与铁素体一起相互配合共析生长的。

能否产生相间沉淀主要取决于化学成分、奥氏体化温度及转变温度或冷却速度。首先，奥氏体中应溶入足够的碳（氮）和碳（氮）化合物形成元素。显然应采用足够高的奥氏体化温度，以便使特殊的碳（氮）化合物形成元素能溶入奥氏体。转变温度则取决于碳（氮）化合物形成元素在奥氏体中的溶解度，温度越低，发生相间沉淀的可能性越大。但等温温度不得低于 B_s，否则将发生贝氏体相变。

5.4.3 相间沉淀钢的应用

相间沉淀钢的强化机制来源于沉淀强化、细晶强化和固溶强化，其最显著的优点是强度提高的同时，韧性没有明显下降。

相间沉淀已成功应用于工业生产，如低碳微合金高强钢、中碳微合金非调质钢等。但要想得到良好的强韧化效果，必须根据钢的成分控制轧制工艺（即奥氏体化温度和冷却条件）。低碳微合金高强钢如果采用普通热轧工艺，钢中的铌或钒只能起沉淀强化的作用，虽然强度提高了，但韧性变差，热轧后不得不进行正火处理。如采用控轧工艺，使过冷奥氏体以相间沉淀的形式分解，能达到强韧化的目的，轧制后不需正火处理，其经济效益是十分可观的。

对于中碳微合金非调质高强钢，多采用钒进行微合金化，由于取消了调质工序，不需要为了提高淬透性而加入铬和钼等贵金属合金元素，所以大幅度节约了能源，降低了成本。

5.5 珠光体的力学性能

可以认为珠光体是一种复合材料，是塑性较好的铁素体和硬而脆的渗碳体的有机复合。珠光体的力学性能与复合状态密切相关，而复合状态又与化学成分和热处理工艺有关。相同化学成分的珠光体，因热处理工艺不同，转变产物既可以是片状珠光体，也可以是粒状珠光体；同样是片状珠光体，其珠光体团的大小、珠光体片间距等也可能不同。对于同一成分的非共析钢，先共析相的体积分数因热处理工艺不同而不同。这些因素都对珠光体的宏观性能产生影响。

5.5.1 片状珠光体的力学性能

片状珠光体的力学性能取决于珠光体的层间距和珠光体团的尺寸。层间距由珠光体的形成温度决定；珠光体团的尺寸与奥氏体晶粒大小有关。所以，奥氏体化温度和珠光体的形成温度决定了片状珠光体的力学性能。

片状珠光体的层间距和珠光体团尺寸对力学性能的影响，与晶粒尺寸对力学性能的影响完全一样，即片间距和珠光体团尺寸越小，珠光体的强度、硬度以及塑性、韧性均提高，其中层间距的影响更为显著。

片状珠光体的屈服强度满足霍尔-佩奇关系式：

$$\sigma_s = \sigma_i + K S_0^{-1/2} \tag{5-5}$$

式中 σ_i，K——与材料有关的常数；

S_0——珠光体的层间距。

连续冷却条件下，珠光体层间距是不均一的。先形成的珠光体层间距大，后转变的珠光体层间距小。珠光体层间距大小不等，可能会引起不均匀的塑性变形，层间距较大的局部区域因过量塑性变形而首先出现应力集中，最终导致材料破裂。

5.5.2 粒状珠光体的力学性能

与片状珠光体相比，在相同成分条件下，粒状珠光体的强度、硬度稍低，塑性、韧性较高。主要原因是：渗碳体呈粒状时，铁素体与渗碳体的相界面减少，强度硬度下降；在连续的铁素体上分布粒状渗碳体的情况下，对位错运动的阻碍作用减小，塑性提高。所以，粒状珠光体的加工性能（切削和成型性）好，加热淬火时的变形和开裂的倾向性小，这就是高碳钢常常要求获得粒状珠光体组织的原因。对于冷挤压加工成型的低、中碳钢和合金钢，也要求具有粒状珠光体组织。

粒状珠光体的力学性能与粒状渗碳体的形态、大小、分布有关。成分相同时，渗碳体颗粒越小，分布越均匀，强度越高，韧性越好。

相同强度条件下，粒状珠光体的疲劳强度比片状珠光体的高。这是因为在交变载荷作用下，粒状碳化物对铁素体基体的割裂作用较小，工件表面或内部不易产生疲劳裂纹。此外，粒状珠光体中位错易于滑移，因此，即使产生了疲劳裂纹，裂纹尖端的应力集中也能得到有效释放，使裂纹扩展速度大大降低。

5.5.3　非共析钢的力学性能

过共析钢一般都要球化处理，室温下的组织是珠光体+粒状渗碳体，具有较好的强度、硬度，较高的耐磨性，一定的塑性和韧性。而亚共析钢共析转变后得到先共析铁素体+珠光体，由于先共析铁素体的存在，使亚共析钢的强度、硬度下降，塑性、韧性提高。亚共析钢的力学性能不仅取决于珠光体层间距，而且与先共析铁素体和珠光体的相对含量、先共析铁素体晶粒大小及其化学成分有关。

先共析铁素体和珠光体混合组织的力学性能满足以下关系式：

$$\sigma_s = f_\alpha \sigma_\alpha + (1 - f_\alpha) \sigma_p \qquad (5-6)$$

式中　f_α——先共析铁素体的体积分数；

σ_α，σ_p——分别为先共析铁素体和珠光体的屈服强度。

显然，式（5-5）和式（5-6）都没有完全反映出合金元素、先共析铁素体晶粒大小及珠光体形态对强度的影响。

5.5.4　形变珠光体的力学性能

珠光体是一种高温转变的组织，与贝氏体和马氏体组织相比，具有强度和硬度低，塑性和韧性好的特点。大部分情况下，珠光体只是一种中间组织。但是，与形变强化结合起来，珠光体可以作为一种终态组织应用于生产实际。钢丝绳、琴钢丝及某些弹簧钢丝就是经派敦处理后的珠光体钢。派敦处理（patenting process）是首先将高碳钢进行索氏体化处理，然后再经过深度冷拔的工艺。索氏体的层间距小，塑性好，具有良好的冷拔能力。高碳钢经派敦处理后所能达到的强度水平是目前生产条件下钢能够达到的最高水平。例如，碳的质量分数为 0.9% 的碳钢，直径 1mm，845~855℃ 奥氏体化，516℃ 等温索氏体处理，然后经 80% 面收缩率冷拔变形，抗拉强度可高达 4000MPa。一般将最低屈服强度超过 1380MPa 的结构钢称为超高强度钢。

随着珠光体含量的增加，流变应力增加，加工硬化率提高。珠光体的加工硬化率与其层间距也呈线性关系：

$$d\sigma/d\varepsilon = 1560 - 0.9S_0 \qquad (5-7)$$

可见，细片状珠光体总是有利于提高加工硬化率。因为在这种情况下，Fe_3C 片也很细小，能弯曲或伸长，而粗片状 Fe_3C 则会断裂。深冷变形时，铁素体片和渗碳体片都发生大量变形，形成高密度位错。而且珠光体的组织特征没有被破坏，只是层间距会在冷变形过程中大大减小。因此，派敦处理后极高强度来自于极细小层间距造成的显微组织硬化和层间界面对位错运动的阻碍作用。

变形珠光体强度提高了，韧性则成为不可忽视的问题。研究表明，冲击韧性随珠光体体积分数（或碳的质量分数）的增加而显著下降，而冷脆转变温度随珠光体含量增加而升高，如图 5-13 所示。

珠光体层间距对冲击韧性的影响是矛盾的。一方面，层间距小，提高了强度，对冲击韧性不利；另一方面，层间距减小，珠光体片中渗碳体片的厚度随之减小，这又可改善韧性。所以，存在一个最佳层间距。

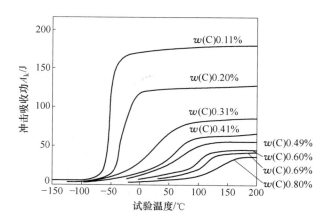

图 5-13　含碳量对正火钢的韧脆转化温度和冲击功的影响

5.6　珠 光 体 钢*

5.6.1　钢轨钢

钢轨用钢要求有足够高的硬度、抗拉强度和疲劳强度。此外，还要求有适当的冲击韧性、耐磨性及抗大气腐蚀的能力。这类钢一般选用碳的质量分数较高的碳素钢（0.5%～0.75%），并添加 Mn、Si、Cu 等合金元素。钢轨通常是热轧成型，轧后空冷至室温的组织几乎是 100% 的珠光体。钢轨的主要失效原因是韧性差，所以其发展方向是使其成为韧断钢。从成分设计上采用低碳高锰，工艺上通过控制轧制或正火处理来细化晶粒，以满足韧断钢的性能要求。

5.6.2　冷拔高强度钢丝用钢

高强度不是马氏体所独有的，除晶须外，已知的最强金属是冷拔珠光体钢。先将高碳钢（如 50、60、70、T8A、T9A、T10A 及 65Mn 等）热处理获得索氏体组织，再经过深度冷拔，可获得极高强度。派敦处理固然是金属材料的一种诱人的强韧化工艺，但深冷拉拔变形的截面收缩率要求超过 90%，对大尺寸工件来说深冷塑性变形有相当的难度，所以它只适合于弹簧钢和钢丝绳。

奥氏体化后进行铅浴等温（480～540℃）处理获得极细的珠光体组织。铅浴等温处理是冷拔的中间工序，目的是为了恢复塑性变形能力，便于后续的多次拉拔。等温处理不能有贝氏体组织，否则不利于拉拔。

5.6.3　珠光体耐热钢

珠光体耐热钢是基体为珠光体或贝氏体组织的低合金耐热钢。主要有铬钼和铬钼钒系列，后来又发展了多元（如 Cr、W、Mo、V、Ti、B 等）复合合金化的钢种，钢的持久强度和使用温度逐渐提高。珠光体热强钢按碳的质量分数和应用特点可分为低碳珠光体耐热钢和中碳珠光体耐热钢两类，前者主要用于制作锅炉钢管，后者主要用于制作汽轮机等耐热紧固件、汽轮机转子（包括轴、叶轮）等。这类钢在 450~620℃ 有良好的高温蠕变强度及工艺性能，且导热性好，膨胀系数小，价格较低，广泛用于制作 450~620℃ 范围内使用的各种耐热结构件。

珠光体热强钢的工作温度虽然不高，但由于工作时间长，加之受周围介质的腐蚀，在工作过程中可能产生下述组织转变和性能变化：

（1）珠光体的球化和碳化物的聚集。珠光体耐热钢在长期高温作用下，其中的片状碳化物转变成球状，分散细小的碳化物聚集成大颗粒的碳化物，导致蠕变极限、持久强度、屈服极限的降低。这种转变是满足热力学条件的一种由亚平衡状态向平衡状态的自发过程，是通过碳原子的扩散进行的。合金元素 Cr、Mo、V、Ti 等均能阻碍或延缓球化及聚集过程。

（2）石墨化。在高温和应力长期作用下，渗碳体分解成最稳定的游离态石墨，这个过程也是自发进行的。珠光体耐热钢的石墨化不但消除了碳化物的作用，而且钢中石墨相当于小空洞或裂纹，使钢的强度和塑性显著降低而引起钢件脆断，这是十分危险的。钢中加入 Cr、Ti、Nb 等合金元素，均能阻止石墨化过程；在冶炼时避免用促进石墨化的铝脱氧；采用退火或回火处理也能减少石墨化倾向。

（3）合金元素的再分布。耐热钢长期工作时，会发生合金元素的重新分配现象，即碳化物形成元素 Cr、Mo 向碳化物内扩散、富集，而造成固溶体合金元素贫化，导致热强性下降。通常加入强碳物形成元素 V、Ti、Nb 等，以阻止合金元素扩散聚集。

（4）热脆性。珠光体型不锈钢在某一温度下长期工作时，可能发生冲击韧性大幅度下降的现象，这种脆性称为热脆性，这与在该温度下某种新相的析出有关。防止热脆性可采取如下措施：避开脆性温度；冶炼时尽量降低磷含量；加入适量的 W、Mo 等合金元素。已出现热脆倾向的钢，可采用 600~650℃ 保温后快冷的方法加以消除。

经正火（A_{c3}+50℃）处理的珠光体耐热钢的组织是不稳定的，因此应在高于使用温度100℃下进行稳定化处理。

—— **本章小结** ——

（1）珠光体是铁素体和渗碳体的复合体，可分为片状和粒状两种形态。随温度的下降，珠光体的层间距减小。而粒状珠光体既可以是特定条件下过冷奥氏体直接分解的产物，也可以通过球化退火获得。

（2）珠光体的形成包含两个基本过程，碳的重新分配和点阵重构，其中晶体点阵的重构由铁的同素异构本性所决定。

（3）珠光体的形核率和长大速度由驱动力和扩散激活能两个控制因素共同决定，转变温度的不同，驱动力和扩散激活能所起的主导作用会发生变化，从而导致 N 和 G 与过冷度的关系曲线上存在极大值，也造成珠光体转变动力学图呈"C"形。

（4）凡是稳定过冷奥氏体的因素，都导致 C 曲线右移。

（5）珠光体的力学性能与其复合状态密切相关，而复合状态又与化学成分和热处理工艺有关。

复习思考题

5-1　什么叫珠光体？其组织有何特点？

5-2　影响珠光体层间距的因素有哪些？层间距与力学性能的关系是什么？

5-3　简述片状珠光体的形成过程。

5-4　影响珠光体转变动力学的因素有哪些？

5-5　网状渗碳体对力学性能有何影响？如何消除网状渗碳体？

5-6　过冷奥氏体在什么条件下形成片状珠光体？什么条件下形成粒状珠光体？

5-7　为什么珠光体的形核率和长大速度与过冷度的关系曲线中存在极大值？

5-8　何谓魏氏组织？

5-9　何谓相间沉淀？在实际生产中有何应用？

6 扩散型相变 （Ⅲ） ——脱溶沉淀

目的与要求：掌握过饱和固溶体脱溶沉淀热力学及脱溶沉淀过程、动力学及其影响因素；掌握脱溶沉淀后的显微组织特点和性能变化规律；掌握时效硬化机制。了解回归现象；了解调幅分解热力学条件和特点。

1906 年，Wilm 在研究 Al-Cu-Mn-Mg 合金时偶然发现，将该合金"淬火"后在室温放置，硬度随时间的推移不断升高，但却观察不到显微组织的任何变化。当时无法解释其原因，就称此现象为时效硬化 （age hardening），即时间效应引起的硬化。后来的研究表明，时效硬化现象与合金的脱溶沉淀有关。

将溶解度随温度变化的合金加热到溶解度曲线以上某一温度，保温一定时间，然后快速冷却，获得均匀单相过饱和固溶体，这种热处理工艺称为固溶处理 （solid solution treatment），如图 6-1 所示。过饱和固溶体是不稳定的，在室温长期放置或加热到固溶度曲线 *MN* 以下某一温度，溶质原子将通过扩散在固溶体一定区域聚集并析出第二相，这一过程称为脱溶或沉淀 （precipitation）。合金脱溶过程中，其性能随之发生变化，这种现象称时效 （aging）。室温下产生的时效称为自然时效 （natural aging）；加热以加快时效过程称为人工时效 （artificial aging）。控制脱溶析出相的结构、尺寸、分布等，能使合金的强度硬度显著提高，这就是沉淀强化 （precipitation hardening） 或时效强化，是强化合金的重要途径之一。铝合金、镁合金、耐热合金、沉淀硬化不锈钢、马氏体时效钢等，都是通过时效处理进行强化的。对于那些不能进行相变强化 （基体金属无同素异构转变） 或相变强化效果不显著的合金，时效强化显得尤为重要。

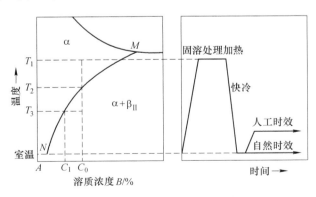

图 6-1 固溶与时效处理工艺示意图

事实上，"固溶"类似于钢的"奥氏体化+淬火"，"时效"与"回火"具有相同含义，工程技术人员习惯把固溶处理过程称淬火，这与淬火的定义有本质的不同。能发生脱溶沉淀的基本条件是：合金在平衡状态图上有固溶度的变化，且固溶度随温度降低而减少。所以，二次渗碳体和三次渗碳体的析出、回火时发生的马氏体分解或二次硬化等，本质上都是脱溶过程，这类脱溶的特点在于脱溶相是从过饱和间隙固溶体中析出的。本章将以 Al-4%Cu 合金为例，介绍从过饱和置换固溶体中脱溶析出第二相的微观过程及其特点。

6.1　脱溶沉淀过程

如图 6-1 所示，如果 C_0 合金固溶加热处理后缓慢冷却，由于溶解度的变化，将自温度 T_2 开始从基体相中析出第二相。对于置换固溶体，第二相可为金属化合物或另一端际固溶体。基体相的成分沿固溶度曲线 MN 变化，至 T_3 时，合金的成分从 C_0 变化到 C_1，这种转变可表示为：α（C_0）$\rightarrow \alpha$（C_1）$+ \beta_{\text{II}}$，室温下得到 $\alpha + \beta_{\text{II}}$ 两相平衡组织。用 β_{II} 表示它是从 α 固溶体析出，以别于从液相析出的 β 固溶体。固溶后如果快速冷却至室温，第二相来不及析出，得到过饱和固溶体。过饱和固溶体是热力学不稳定相，在固溶度曲线以下某温度保温，将从过饱和固溶体中析出第二相。随着等温温度或保温时间的不同，基体相（母相）的过饱度将不同程度地下降，第二相的成分和结构也会发生变化。变化的终点是形成平衡基体相和平衡脱溶相，其相对量满足杠杆定律。根据合金的种类和成分，形成平衡脱溶相之前会经历一个或若干个亚稳过渡相析出阶段。

6.1.1　G.P. 区的形成及其结构

在低温或时效的初期阶段，固溶处理后的 Al-4%Cu 合金将在母相 α 固溶体的 {100} 面上形成一个或若干个原子层厚度的 Cu 溶质原子的聚集区，该聚集区与母相保持共格关系。Cu 原子层边缘必然存在点阵畸变，产生应力场，这是时效硬化的主要原因。这种溶质原子的聚集区是 1938 年 Guinier 和 Preston 各自独立地用 X 射线分析 Al-Cu 合金时效时发现的，所以称为 G.P. 区（G.P. zone）。广义地讲，过饱和固溶体析出第二相之前的溶质原子偏聚区都称为 G.P. 区。

G.P. 区具有以下特征：

（1）在过饱和固溶体分解初期形成，且形成速度快，分布均匀；

（2）晶体结构与母相相同，并与母相保持共格关系；

（3）处于亚稳态；

（4）G.P. 区等同于柯氏气团。

Al-Cu 合金中 G.P. 区显微组织及结构模型如图 6-2 所示，结构模型图面平行于 Al 原子点阵的 $(100)_\alpha$ 面。因为在 $<001>_\alpha$ 方向上的弹性模量最小，所以 Cu 原子层在 Al 的 $(001)_\alpha$ 面上偏聚。由于 Cu 原子半径大约是 Al 原子半径的 87%，因此 Cu 原子周围的 Al 原子将向偏聚中心收缩，导致垂直于片状 G.P. 区方向产生弹性张应力，而在 G.P. 区片周边形成环状弹性压应力区，晶格畸变的影响范围约为 16 个 Al 原子层。

如前所述，新相的几何形状由界面能和弹性应变能共同决定。由于 G.P. 区与母相共格，所以界面能较低，相变阻力的主导因素是弹性应变能。因此，G.P. 区的形状与溶质和溶剂的原子半径差有关，析出物体积一定时，弹性应变能按球状→针状→圆盘状的顺序依次减小。溶质与溶剂原子半径差小于 3% 时，弹性应变能不是主要矛盾，析出物呈球状，实验结

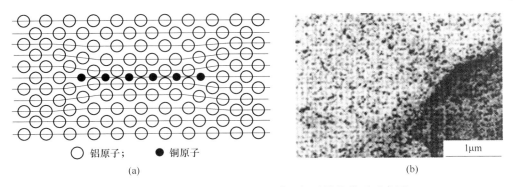

○ 铝原子； ● 铜原子

(a)   (b)

图 6-2 Al-Cu 合金的 G. P. 区显微组织及结构模型示意图

（a）结构模型；（b）显微组织

果的确如此，例如，Al-Ag 合金和 Al-Zn 合金的 G. P. 区呈球状。原子半径差大于 5% 时，呈圆盘状。Cu 与 Al 的原子半径差高达 11.5%，G. P. 区呈圆盘状以降低弹性应变能。

　　G. P. 区的尺寸与合金成分、时效温度和时效时间等因素有关。例如，过饱和 Al-Cu 合金在 25℃ 时效时，G. P. 区直径小于 5nm；100℃ 时效，G. P. 区直径约 15～20nm；200℃ 时效时，G. P. 区直径可达 80nm。25～100℃ 时效时，G. P. 区厚度约 0.4nm。

　　G. P. 区的形核主要是依靠浓度起伏，而在位错处的非均匀形核是次要的，其实验依据是：G. P. 区数目比位错数目（密度）大很多。

6.1.2　过渡相的形成及其结构

6.1.2.1　θ″相的形成与结构

　　随着时效温度的提高或时效时间的延长，将形成过渡相。过渡相既可以由 G. P. 演变而来，又可以独立形核长大而成。

　　Al-Cu 合金的过渡相 θ″ 是 G. P. 区沿径向和纵向长大形成的，其中以纵向长大为主。θ″ 相具有正方点阵，点阵常数 $a=b=0.404nm$（与母相的 a 相同），$c=0.780nm$。晶胞有五层原子面，中间层是 100% 的 Cu 原子层，最上和最下是 100% 的 Al 原子层，而夹层是 Al 和 Cu 的混合层，Cu 约 20%～25%，总成分相当于 $CuAl_2$。

　　θ″ 相仍为薄片状，片厚约 0.8～2nm，直径约 14～15nm。θ″ 相与母相保持完全共格关系，所以随着 θ″ 相的长大，弹性应变能持续增加。

6.1.2.2　θ′相的形成与结构

　　随着时效温度的继续提高或时效时间的延长，片状 θ″ 相的长大将导致与母相共格关系部分遭到破坏，θ″ 相转变为 θ′ 相。θ′ 相仍为过渡相，也具有正方点阵，点阵常数 $a=b=0.404nm$，$c=0.580nm$，其成分与 $CuAl_2$ 更加接近。

　　θ′ 相与母相的点阵以 {001} 面联系在一起，如图 6-3 所示。它们之间具有以下位相关系：

$$(100)_{\theta'}//(100)_\alpha$$

$$[001]_{\theta'}//[001]_\alpha$$

　　θ″ 相和 θ′ 相的主要区别在于共格关系，θ″ 相与母相完全共格，而 θ′ 相与母相部分共格。

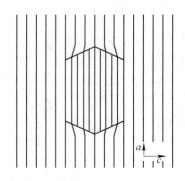

图 6-3　θ′相与基体的部分共格关系示意图

6.1.3　平衡相的形成及其结构

随着 θ′相的不断长大，弹性应变能越来越大，共格关系最终遭到完全破坏，形成独立的块状 θ 相。θ 相是平衡相，仍具有正方点阵，但点阵常数与 θ″和 θ′相相差很大，其中 $a=b=0.607nm$，$c=0.487nm$，成分为 $CuAl_2$。此时的 θ 相析出量可以根据平衡相图用杠杆定律计算。

在 Al-Cu 合金的沉淀脱溶贯序 α→G.P.→θ″→θ′→θ 中，θ″、θ′和 θ 三个沉淀相分别是由前一个沉淀相转变而来还是直接从母相中析出来，目前尚无定论。但实验表明，它们从母相中直接析出的可能性大。

一些时效硬化型合金的第二相析出过程与 Al-Cu 合金类似，在平衡相析出前，都会出现亚稳的中间过渡相，只是不一定都有上述 4 个阶段，见表 6-1。

表 6-1　几种时效硬化型合金的析出序列

基体金属	合　金	析　出　系　列	平衡析出相
Al	Al-Ag	G.P. 区（球）→γ′（片）	→γ（Ag_2Al）
	Al-Cu	G.P. 区（盘）→θ″（盘）→θ′	→θ（$CuAl_2$）
	Al-Zn-Mg	G.P. 区（球）→M′（片）	→M（$MgZn_2$）
	Al-Mg-Si	G.P. 区（杆）→β′	→β（Mg_2Si）
	Al-Mg-Cu	G.P. 区（杆或球）→s′	→s（Al_2CuMg）
Cu	Cu-Be	G.P. 区（盘）→γ′	→γ（CuBe）
	Cu-Co	G.P. 区（球）	→β
Fe	Fe-C	ε-碳化物①	→θ（Fe_3C）
	Fe-N	α″（盘）	→Fe_4N
Ni	Ni-Cr-Ti-Al	γ′（立方体）	→γ（Ni_3TiAl）

①在析出 ε-碳化物之前，也形成碳的富集区。

6.2　脱溶后的显微组织

脱溶沉淀后合金由基体相和沉淀相组成，基体相主要发生成分变化，过饱和度下降，沉淀相的种类、形状、大小、数量和分布等由合金成分和时效工艺所决定。根据脱溶过程中溶质原子的分布特点，可将脱溶分为连续脱溶和非连续脱溶。

6.2.1 连续脱溶及其显微组织

在脱溶过程中，母相的过饱和度下降，与新相之间形成相界面。虽然新相析出导致其周边母相的溶质浓度降低，但母相仍保持连贯性，成分呈连续分布，这种脱溶称为连续脱溶（continuous precipitation），类似于马氏体的单相分解（参见 12.1.2 节）。根据脱溶物在基体中的分布情况，连续脱溶又可分为均匀脱溶和非均匀脱溶两种。均匀脱溶的析出物较均匀地分布在基体中，有利于提高合金的力学性能，减轻晶间腐蚀和应力腐蚀敏感性；非均匀脱溶的析出物在缺陷处优先形核，造成组织不均匀。实际合金大多属于非均匀脱溶。

某些铝基、钛基、镍基等时效型合金发生非均匀脱溶时，如果在晶界处优先形核，核心"吞噬"周边大量的溶质原子，将在晶界附近形成一个无析出区，如图 6-4 所示。无析出区的屈服强度低，使该区易发生塑性变形，导致晶间破坏。同时，无析出区与晶粒内部存在电极电位差，易产生原电池，会加速作为阳极的无析出区的应力腐蚀，从而造成晶间腐蚀开裂。因此，从力学性能和耐蚀性角度看，应尽量避免无析出区的产生。有效的方法是在时效前进行一定量的均匀预变形，或者加入其他合金元素（参见 4.5.2 节）。

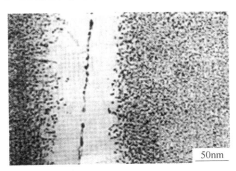

50nm

图 6-4　7050 铝合金晶界析出及无析出区

6.2.2 非连续脱溶及其显微组织

脱溶造成母相成分有突变就是非连续脱溶，根据脱溶后的组织形态特点，非连续脱溶也称胞状脱溶（cellular precipitation）。这种脱溶与共析转变类似，可以用反应式 $\alpha_0 \rightarrow \alpha_1 + \beta_{\text{II}}$ 表示，也类似于马氏体的双相分解（参见 12.1.2 节）。其中，β_{II} 为脱溶相，α_1 是胞状脱溶区的 α 相，α_1 与 α 相之间有相界面，成分有突变，取向也发生了变化，只是晶体结构没有变化，这是与共析反应唯一不同的地方。β_{II} 和 α_1 两相耦合生长，形成的胞状物界限明显，β_{II} 相的长大只需界面附近原子的扩散，不需体扩散，所得组织与珠光体很相似，如图 6-5 所示。胞状物大都在晶界形成，可在晶界一侧生长，也可在晶界两侧同时生长。

胞状物的形成一般伴随着基体的再结晶。因为固溶处理时，基体中存在高密度位错，而且初期的析出相与基体保持共格关系，随着析出相的长大，应力应变逐渐增大，为回复再结晶提供了驱动力。在时效条件下，基体将发生（动态）回复和再结晶，这种由应力诱发的再结晶称为应力诱发再结晶（stress induced recrystalization）。再结晶发生的区域，应变能显著降低。析出物与基体的共格关系完全被破坏，基体的溶质原子浓度也降至平衡值。

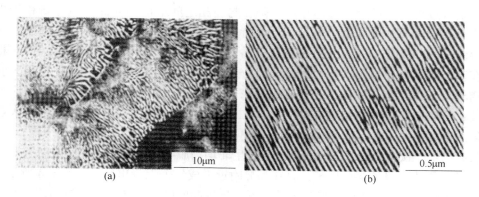

图 6-5　Fe-47.8Co-8.97Ni 合金经 600℃时效 7h 形成的胞状物

非连续脱溶的微观过程示意图如图 6-6 所示。在过饱和固溶体 α_0 中，溶质原子在晶界处发生偏聚，并以质点形式析出 β_{II} 相。随着脱溶的进行，β_{II} 相呈片状向母相内生长，其两侧将出现溶质原子贫化区（α_1 相）。α_1 和 α_0 的相界面处也可能形成新的 β_{II} 相晶核。这样，就形成了内部为层片状，外形呈胞状的组织。

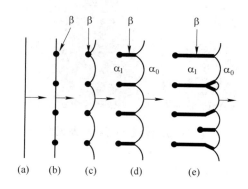

图 6-6　非连续脱溶的微观过程示意图

除了基体中溶质原子分布规律发生变化外，连续脱溶和非连续脱溶还有以下区别：

（1）连续脱溶时虽然也伴随应力和应变的增加，但不足以达到诱发再结晶的程度；

（2）连续脱溶物主要分布在晶内及晶体缺陷处，而非连续脱溶物呈胞状，析出初期主要集中在晶界上；

（3）非连续脱溶属于短程扩散，连续脱溶属于长程扩散。

连续和非连续脱溶的本质区别就在于溶质原子的扩散距离，正因为溶质原子只能短程扩散（晶界扩散），远离脱溶物的溶质原子没有能力"驰援"长大中的脱溶物，造成了基体溶质分布的两极分化。

6.2.3 脱溶过程中显微组织的变化序列

过饱和固溶体的实际脱溶可能不是以单一的方式进行，脱溶过程较为复杂，因此可能形成各种不同的显微组织。

6.2.3.1 连续脱溶（非均匀加均匀脱溶）

过饱和固溶体脱溶初期，脱溶物一般在滑移面和晶界等处首先析出，即发生连续非均匀脱溶。优先形核的位置被新相占据后，剩下位置的形核机会均等，接着发生连续均匀脱溶。连续均匀脱溶之初，脱溶物尺寸小，光学显微镜难以分辨，如图6-7中的1(a)所示。随时间延长，晶界和滑移面上的脱溶物开始长大，晶界两侧形成无析出区，其他地方的均匀脱溶物的形核长大持续进行，如图6-7中的1(b)所示。随时效过程的进一步发展，析出物发生粗化和球化，已经难以区分局部的非均匀脱溶和均匀脱溶的析出物，最终获得均匀分布的平衡脱溶相加无过饱和度的基体相，如图6-7中的1(c)所示。

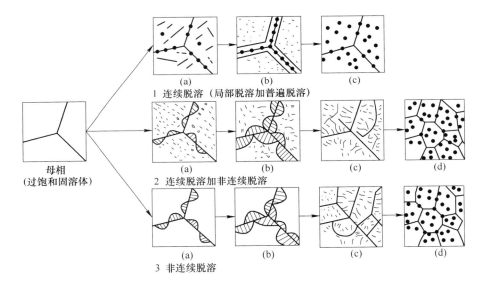

图6-7 脱溶析出物显微组织变化过程示意图

6.2.3.2 连续脱溶加非连续脱溶

首先发生非连续脱溶形成胞状组织，接着发生连续脱溶，如图6-7中的2(a)所示。之后胞状组织从晶界扩展至整个基体，并伴生再结晶（见图6-7中2(a)~2(c)）。最后析出物粗化和球化，基体中溶质贫化趋于平衡浓度。由于伴生再结晶，基体的晶粒得到细化，如图6-7中2(d)所示。

6.2.3.3 非连续脱溶

图6-7中的3(a)~3(c)表示胞状组织从晶界形成逐步扩展至整个基体，同时伴生再结晶。继续脱溶时，析出物粗化和球化，最终得到如图6-7中3(d)所示的组织。毫无疑问，3种情况的终态组织均无限接近平衡相图中的平衡组织，与固溶处理后缓慢冷却不同，固溶+时效处理后要发生回复再结晶而使基体组织晶粒细化。

脱溶产物的显微组织究竟按哪种序列变化，取决于合金的成分和加工状态、固溶和时效处理工艺、固溶处理后和时效处理前是否施加冷变形等因素。

6.3　脱溶热力学与动力学

6.3.1　脱溶热力学

脱溶沉淀是典型的原子扩散过程，符合一般扩散型固态相变的规律。脱溶的驱动力是新相和母相的体积自由能差，脱溶的阻力是形成脱溶相产生的界面能和应变能。在某一温度下，Al-Cu 合金脱溶时各阶段形成相的化学自由能与成分关系曲线如图 6-8 所示。自由能的高低顺序是母相 α→G. P. 区→θ″→θ′→θ。根据公切线法则，该温度下公切线切点分别对应母相与脱溶相的成分。例如，α→G. P. 区，成分点分别为 $C_{\alpha 1}$ 和 $C_{G.P.}$；α→θ″，成分点分别为 $C_{\alpha 2}$ 和 $C_{\theta''}$；α→θ′，成分点分别对应 $C_{\alpha 3}$ 和 $C_{\theta'}$；α→θ，成分点分别对应 $C_{\alpha 4}$ 和 C_{θ}。各公切线与合金 C_0 成分线的交点 b、c、d 和 e，分别代表从母相中析出 G. P. 区、θ″、θ′ 和 θ 相时体系的自由能。从母相中析出 G. P. 区、θ″、θ′ 和 θ 相时的驱动力，分别为 $\Delta G_1 = a-b$、$\Delta G_2 = a-c$、$\Delta G_3 = a-d$ 和 $\Delta G_4 = a-e$。很显然，$\Delta G_1 < \Delta G_2 < \Delta G_3 < \Delta G_4$，即形成 G. P. 区时的相变驱动力最小，析出平衡相时的相变驱动力最大。但是，θ 相与母相非共格，相界面能较大；G. P. 区与母相完全共格，形核与长大时的界面能较小。所以，一般过饱和固溶体脱溶时首先析出的是 G. P. 区。

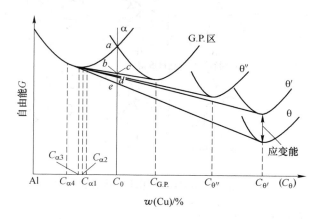

图 6-8　某一温度下 Al-Cu 合金的自由能与成分的关系曲线示意图

固溶体的过饱和度越大，与脱溶相之间的体积自由能差越大，脱溶相的临界形核功越小，临界晶粒尺寸越小。

6.3.2　脱溶动力学及其影响因素

6.3.2.1　等温脱溶曲线

脱溶是通过原子扩散来实现的，驱动力和扩散激活能的主导作用随温度发生不同的变化。因此，与珠光体转变一样，过饱和固溶体的等温脱溶动力学曲线也呈"C"形，如图 6-9 所示。可以看出，无论是 G. P. 区、过渡相，还是平衡相的形成，都要经过一定的孕育期，平衡相析出所需孕育期长，过渡相所需孕育期短。在同一时效温度下，脱溶要依次经历几个阶段。但是，时效温度越高，过饱和度越小，脱溶中间阶段就越少；相同时效温度下，随着合金溶质浓度的减小，脱溶中间阶段也相应减少。

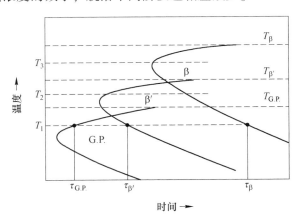

图 6-9   等温脱溶 C 曲线示意图

6.3.2.2   影响脱溶动力学的因素

影响形核率和长大速度的因素都影响脱溶动力学。

A   晶体缺陷

化学驱动力一定时，脱溶速度取决于原子的扩散速度。置换型固溶体中，置换原子是按空位扩散机制进行的。因此，空位浓度对脱溶过程起极其重要的作用。空位浓度与形成空位所需激活能、固溶处理温度和冷却速度有关。考虑空位形成激活能和空位扩散激活能，扩散系数可由下式求出：

$$D = A\exp[-Q_D/(kT_A)]\exp[-Q_F/(kT_H)] \tag{6-1}$$

式中 A——常数；

　　　　k——玻耳兹曼常数；

　　　　Q_D——空位扩散激活能；

　　　　Q_F——空位形成激活能；

　　　　T_A——时效温度；

　　　　T_H——固溶处理温度。

很显然，固溶处理温度越高，冷却速度越快，空位浓度越高，脱溶速度越快。随着脱溶过程的进行，空位浓度逐渐降低，脱溶速度也逐渐减慢。

位错、层错、晶界及亚晶界等晶体缺陷是脱溶相非均匀形核的优先部位。因为这些部位是溶质原子的偏聚区；脱溶相在缺陷处的形核有利于抵消或部分抵消形核引起的点阵畸变。因此，塑性变形可以促进脱溶过程。

晶体缺陷虽然影响脱溶过程，但脱溶相（如 G. P. 区）靠浓度起伏的均匀形核不容忽视。

B   合金熔点及成分

相同时效温度下，合金熔点越低，原子间结合力越弱，原子扩散迁移率越大，脱溶速度越快。所以，低熔点合金的时效温度较低，如铝合金的时效温度在200℃以下。

随溶质浓度的增加，过饱和度越大，脱溶速度越快。溶质和溶剂原子的性能差别也影响脱溶速度。

C　时效温度

时效温度越高，原子扩散能力越强，脱溶速度越快。但温度过高，化学驱动力减小，过饱和度下降，使脱溶速度降低，甚至不再脱溶。

6.4　固溶和时效处理后的性能

固溶+时效处理尤其适合于那些无相变（基于同素异构转变的晶体结构变化）强化或相变强化效果不显著的合金。这类合金大多以形成固溶强化效果不理想的置换固溶体为基体相，其强化措施主要是利用时效强化（弥散强化或沉淀强化），辅以细晶强化和形变强化。

6.4.1　固溶处理后合金的性能

6.4.1.1　固溶处理后合金的性能特点

不同合金固溶处理后性能的变化不尽相同，有的强度提高，塑性下降；有的强度下降，塑性提高；有的强度和塑性均有所提高；还有些合金固溶处理后性能变化不大。因为置换固溶体比间隙固溶体的固溶强化效果差，所以一般来说，置换固溶体完全固溶化处理后，合金的强度硬度增加并不显著。

从性能变化特点上看，不同合金的固溶处理可以达到以下3个目的：

（1）获得过饱和固溶体，为时效处理做准备；

（2）固溶处理作为冷变形前的软化手段，起类似中间退火的作用；

（3）有些合金的固溶处理可以作为最终热处理。

6.4.1.2　固溶处理工艺对合金性能的影响

固溶处理后合金的力学性能主要取决于固溶化程度（过饱和度）、是否存在过剩相及其性能。一般来说，过饱和度越大，固溶强化效果越显著；过剩相大多属于硬而脆的第二相，它们的溶解必然导致强度下降，塑性提高。

提高固溶处理温度，不仅可以缩短固溶处理时间，加速时效过程，还有可能提高硬度峰值。这是因为：

（1）空位浓度随固溶处理温度升高而提高。快速冷却后过饱和空位浓度增加，有利于扩散、促进过饱和固溶体的分解；

（2）固溶处理温度越高，合金元素溶解越充分，固溶处理后固溶体的过饱和程度越大，加速随后的时效脱溶过程，并使合金获得更高的强度和硬度；

（3）高的固溶处理温度还使合金成分更加均匀，有利于脱溶相的均匀分布。

固溶处理时冷却速度越快，时效后的硬度也越高。

6.4.2　时效处理后合金的性能变化

6.4.2.1　冷时效与温时效

时效初期，虽然过饱和度有所降低，但强度硬度并没有明显下降，反而由于第二相的析出，随着失效时间的延长，强度硬度会持续升高。随着时效阶段和程度的不同，合金的硬度随时效时间的变化情况有所不同。

时效温度较低时，时效初期硬度迅速上升，达到一定值后硬度增加缓慢或基本保持不变，具有这种规律的时效称为冷时效（cold aging）。图 6-10 中，Al-3.8%Ag 合金 150℃ 以下的时效属于冷时效。冷时效情况下，时效温度越高，硬度上升越快，达到的硬度也越高。一般认为，冷时效对应的是 G.P. 区的形成。当时效温度较高时，初期硬度上升缓慢，之后迅速上升，达到极大值后又开始随时间延长而下降，这种变化规律称为温时效（warm aging）。温时效对应的是过渡相和平衡相的析出。温时效温度越高，硬度上升越快，达到极大值的时间越短，但所能达到的硬度峰值越低。

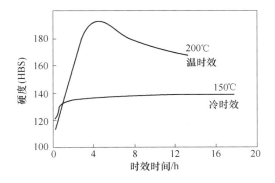

图 6-10　Al-3.8%Ag 合金冷时效与温时效时的硬度变化

冷时效和温时效往往交织在一起，图 6-11 所示为 Al-Cu 合金 130℃时效时的硬度和析出相与时效时间的关系。可以看出，时效初期是冷时效，后期是温时效；冷时效和温时效的界限与合金成分有关；时效硬化主要依靠 G.P. 区和 θ'' 相析出，最大硬度对应 θ'' 相的析出，当 θ' 相析出时，合金硬度开始下降。

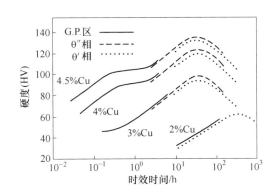

图 6-11　Al-Cu 合金 130℃时效时的硬度变化曲线

脱溶时效后合金的硬度变化由以下 3 个因素决定：（1）固溶体过饱和度的下降；（2）基体的回复与再结晶；（3）脱溶沉淀相的析出。影响规律如图 6-12 所示。前两个因素均使硬度随时效时间的延长而不同程度的单调下降，第三个因素的影响存在极大值，如果时效温度过高或时效时间过长，则析出相与母相的共格关系遭到破坏以及析出相粗化时，合金的强度和硬度开始下降，这种现象称为**过时效**（over aging）。3 个因素共同作用的结果如图 6-12 中的虚线所示。

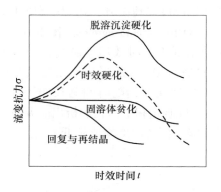

图 6-12　各种因素对合金时效时硬度的影响

6.4.2.2　时效硬化机制

时效硬化是位错与析出相交互作用的结果，位错与析出相存在 3 种交互作用机制。具体为：

（1）内应力强化。脱溶相与母相的晶体结构和点阵常数不同，二者保持共格关系时必将在析出相周围产生不均匀畸变，即形成不均匀应力场。该应力场与位错应力场作用，影响位错的运动，使合金的强度提高。内应力强化随析出相增多而增强。

（2）位错切过析出相颗粒。如果析出相的硬度与基体相的硬度相当或低于基体相，柏氏矢量为 b 的位错线将强行切过析出相，结果使析出相变成错开原子间距整数倍的两部分（见图 6-13），额外增加了部分界面能，因而引起强化。强化效果与析出相体积分数和尺寸有关。析出相体积分数一定时，析出相颗粒尺寸越大，强化效果越显著；析出相尺寸一定时，体积分数越大，强化效果越好。

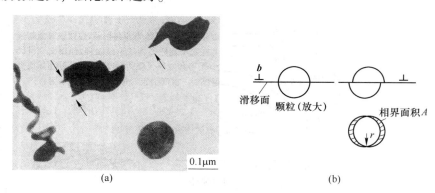

图 6-13　位错切过第二相颗粒
（a）透射电镜像；（b）位错切过第二相颗粒示意图

（3）位错绕过析出相颗粒。如果位错运动遇到很硬的析出相，将无法切过。1948 年，奥罗万提出位错绕过析出相的机制，称为奥罗万机制（Orowan mechanism）。如图 6-14 所示，位错遇到析出相受阻，远离析出相的位错线段像弹性橡皮筋一样继续向前运动，而且任何一段位错线的运动方向都与该段位错线的切向垂直。一根位错线的方向是固定的，这样就使得 A 和 B 段（见图 6-14（a））位错逐步靠近，最后因 A 和 B 处位错线方向相反而抵消，留下一个环绕析出相的位错环，其余部分恢复原态继续向前运动。按 Orowan 机制，位错实现了增值，合金得到强化。如果两个析出相之间的距离为 L，则位错绕过析出相所需临界切应力为：

$$\tau = 2Gb/L \tag{6-2}$$

式中　　G——切变模量；

　　　　b——柏氏矢量。

很显然，强化效果也与析出相尺寸、体积分数和弥散程度有关。析出相越细小，越弥散分布，体积分数越大，强化效果越显著。位错环的存在，使第二相颗粒周边出现应力场，且第二相颗粒之间的应力场作用距离会越来越近，后续位错绕过析出相更困难。如果析出相聚集长大，颗粒间距 L 增大，位错容易绕过。与此同时，聚集长大造成共格关系被破坏，合金的硬度开始下降。

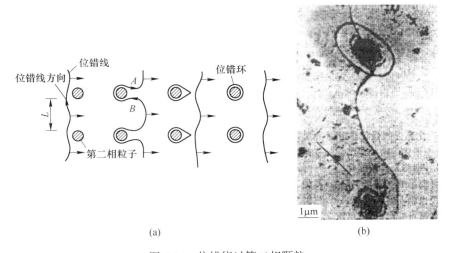

（a）　　　　　　　　　　　　　（b）

图 6-14　位错绕过第二相颗粒

（a）奥罗万机制示意图；（b）透射电镜图

6.4.2.3　回归现象

将低温时效处理后的合金重新加热到固溶度曲线以下较高温度并迅速冷却，时效硬化会立即消除，硬度恢复到固溶处理状态，这种现象称为回归（regression）。产生回归现象的原因是：低温时效形成的 G.P. 区在加热到稍高于 G.P. 区析出温度，G.P. 区将溶解，由 G.P. 区引起的硬化效应随即消失。

回归后的合金，在低温下可以重新形成 G.P. 区，硬度再次升高。但重新时效的速度大大降低。因为回归处理的温度比固溶加热温度低，快冷至室温后的空位浓度低。

实际生产中可利用回归现象。例如，高强度合金的双时效，先在 G.P. 区线以下较低温度时效，形成高弥散的 G.P. 区，然后在较高温度下时效，已形成的 G.P. 区成为继续脱溶的非均匀形核核心，获得更弥散的脱溶相。再如，当需要工件恢复塑性以便冷加工，或为了避免快速冷却造成的变形和开裂而不宜重新进行固溶处理时，也可利用回归现象暂时软化合金。

6.4.2.4 应变时效

低碳钢经过一定的冷加工塑性变形后，在室温下放置或在稍高的温度下进行人工时效处理，合金的性能发生变化的现象称为应变时效（strain aging），亦称形变时效或机械时效。产生应变时效的原因是，变形后时效处理时，C、N 间隙原子偏聚在位错线附近，形成"柯氏气团"，起钉扎位错的作用，导致强度提高，韧性下降。应变时效脆化事故往往是灾难性的，需要预防。铁中含 0.0001%（质量分数）的氮，就出现应变时效现象，而含 0.002% 氮的应变时效达到最大值。当前炼钢技术只能使氮含量达到 0.005%~0.006% 的水平。最有效的方法是加入固定氮的合金元素如 Mn、Si 和 Nb 等。

6.5 固溶和时效处理工艺规范

6.5.1 固溶处理工艺规范

6.5.1.1 固溶处理加热温度

固溶加热温度的选择原则是，在不过烧的前提下，使第二相最大限度地溶入基体；固溶处理冷却速度以冷却过程中不析出第二相为原则。固溶加热温度可根据相图来确定，如图 6-1 所示，固溶处理加热温度的下限为固溶度曲线 MN，而上限温度为合金开始熔化温度。一般来说，在不发生过烧的前提下，提高固溶处理温度有助于时效强化过程。但是对于晶粒长大倾向大的合金（如 6A02 铝合金），应注意加热温度的上限。

6.5.1.2 固溶处理保温时间

保温时间确定的原则是：在保证第二相全部溶解的前提下，应尽可能缩短保温时间。

足够的保温时间是为了保证过剩相（第二相）充分溶解，以获得大的过饱和度。保温时间的长短主要取决于合金的成分、原始组织及固溶处理温度。

很显然，固溶加热温度越高，原子扩散速度越快，所需保温时间越短。

原始组织包括第二相尺寸、分布状态等。通常，铸态合金和退火态合金中的第二相较粗大，充分溶解所需保温时间比变形态合金所需时间长。同一变形合金，变形度大的要比变形度小的所需时间短。

除此以外，保温时间还与装炉量、工件尺寸、加热方式等因素有关。装炉量越多，工件越厚，保温时间应越长。浴炉加热速度快，保温时间比气氛炉短。

6.5.1.3 固溶处理冷却速度

与淬火获得马氏体组织一样，固溶处理的冷却也存在一个临界冷却速度 v_c，它是保证固溶体冷却过程中不发生分解的最小冷却速度。该临界冷却速度的大小取决于过饱和固溶体的稳定性，即第二相析出动力学曲线（也呈 C 形）的位置。

不同合金系中第二相（脱溶相）的形核速率不同，则动力学曲线左右位置有很大差异。例如，Al-Cu-Mg 系合金，固溶处理必须水冷；而 Al-Zn-Mg 系合金，在空气中冷却即可。实际操作过程中，对于那些临界冷却速度较大的合金，从加热炉取出后转至冷却槽时，动作要迅速，否则在空气中停留时间过长，可能发生固溶体的部分分解，影响时效后的力学性能。

6.5.2　时效处理工艺规范

时效加热温度和保温时间取决于合金最终的使用性能要求。

6.5.2.1　等温时效

等温时效也称单级时效（isothermal aging 或 single-stage aging），是指在一定温度保持一定时间后冷却所进行的时效处理，是最主要的时效工艺。等温时效分自然时效和人工时效两种。

大量实验发现，合金达到最大硬度及强度的人工时效温度与合金的熔化温度存在一定的关系：

$$T_{时效} \approx (0.5 \sim 0.6) T_{熔}$$

一般来说，固溶处理后稳定性小的合金，$T_{时效}$ 取下限值，如变形态合金；反之，$T_{时效}$ 取上限值，如铸态和耐热合金等。

时效程度取决于对合金性能的具体要求。如要求合金具有最大强度硬度，则可采用完全人工时效；如要求一定强度硬度的同时，还要保证足够的塑性韧性、抗应力腐蚀能力等，则可采用不完全人工时效、过时效或稳定化时效等。

6.5.2.2　分级时效

分级时效（step aging）是指在不同温度下进行两次或多次时效。与单级时效比，分级时效后的组织较均匀，综合性能优良。

6.5.2.3　回归再时效

对于变形铝合金可进行回归处理，之后再重复原来的人工时效工艺，即回归再时效处理（retrogression and reaging treatment）。

6.6　调幅分解

固溶体的分解大都是一个形核和核长大的过程，只有调幅分解是个例外，它是按扩散-偏聚机制分解的。具有溶解度间隔和拐点曲线的合金，通过上坡扩散实现溶质原子的偏聚，由单相固溶体自发、连续地分解成两种没有清晰相界面的亚稳共格固溶体，其成分存在明显差异（富溶质区和贫溶质区），结构都与母相相同，这种转变称为调幅分解（spinodal decomposition）。

6.6.1　调幅分解的热力学条件

调幅分解与形核长大型脱溶分解的最大差别在于，一旦调幅分解开始，系统自由能便连续下降，分解过程是自发的，不需要激活能。或者说，调幅分解的能量门槛值低甚至为零，临界形核半径小甚至为零。

可以发生调幅分解的合金状态图及 T_1 温度下的自由能-成分曲线如图 6-15 所示。A、B 两组元具有相同晶体结构，固态下完全互溶。位于溶解度间隔（MKN）的合金，从高温

（大于 T_{max}）冷却到 MKN 线以下某温度时，将发生两相分解，$\alpha \rightarrow \alpha_1 + \alpha_2$。

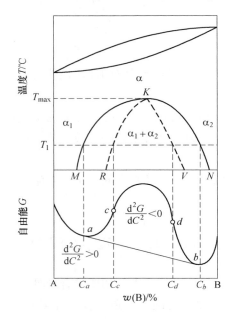

图 6-15 有溶解度间隔的二元合金相图及在 T_1 温度下自由能-成分曲线

由于向下凸的自由能曲线的二阶导数大于零，向上凸的自由能曲线的二阶导数小于零。必然存在两个拐点 c 和 d，其 $\mathrm{d}^2 G / \mathrm{d} C^2 = 0$。将不同温度下出现拐点的成分点连接起来，得到拐点曲线，如图 6-15 中的虚线 RKV 所示，拐点线将（$\alpha_1 + \alpha_2$）两相区分成 3 个区域。这意味着上述分解反应有两种不同方式：

（1）成分位于溶解度间隔线 MKN 和拐点线 RKV 之间的一般分解；

（2）成分位于拐点线 RKV 以内的调幅分解。

如图 6-16 所示，T_1 温度下成分在 ac（或 db）之间的合金 C_2 分解成 C_a 和 C_b 两个相，体系的自由能由 G_2 降至 G_1。但在分解初期，如果存在小的成分波动，例如在 $C_1 \sim C_3$ 之间，则系统的自由能将从 G_2 提高到 G_3，所以这样的成分波动热力学上是不可能的。除非成分波动超过一定限度（达到过 G_2 点切线与自由能曲线相交的 B 点对应的成分），系统的自由能才开始下降，这么大的成分起伏几乎不可能自发发生。也就是说，这类成分的合金分解之初需要克服大的能量障碍——形核功。

在拐点曲线以内的合金（例如，图 6-16 中的 C_5），分解初期成分的任何微小波动，都导致系统的能量下降。如分解成 C_4 和 C_6 两相，系统能量从 G_6 降至 G_5。一旦分解开始，这一过程将自发进行下去，直到体系达到最低能量 G_4，两相的成分分别达到切点 a 和 b 对应的 C_a 和 C_b 为止。

可见，调幅分解不经历形核阶段，临界形核半径几乎为零，或几乎不存在形核功，但分解过程（长大）是通过上坡扩散进行的，所以调幅分解是按扩散-偏聚机制进行的一种特殊相变。

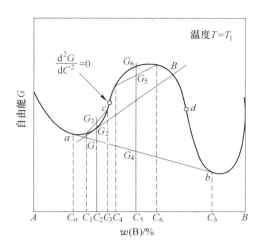

图 6-16 在 T_1 温度下自由能-成分曲线和固溶体分解时的自由能变化

6.6.2 调幅分解过程

为了更清楚地说明调幅分解过程，将其与形核长大型脱溶转变进行比较，如图 6-17 所示。形核长大型脱溶中（图 6-17（a）），新相晶核形成时新相与母相之间有明显相界面，在 T_1 温度下，相界面瞬间达到相平衡，相界面处两相成分分别为 C_a 和 C_b。此时，母相内存在浓度梯度，溶质原子要迁移（下坡扩散），扩散的结果是破坏了相界面处的平衡。为满足 T_1 温度下的相平衡，相界面必须移动，使新相得以长大，直至母相的成分变成均一的 C_a 为止。

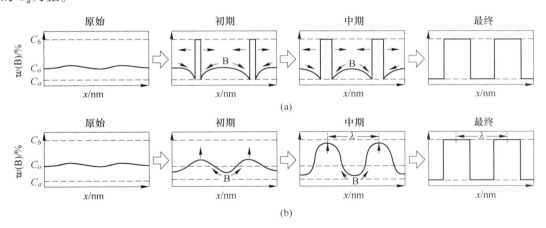

图 6-17 固溶体按两种不同机制分解的过程

（a）形核长大机制；（b）调幅分解机制

对于调幅分解，由于合金中总是存在成分波动，假设成分波动的轨迹符合正弦曲线规律。低谷处的溶质原子将通过上坡扩散至两侧的峰部，使低谷的浓度越来越低，峰部的浓度越来越高，这一过程一开始就满足调幅分解的热力学条件，体系的能量下降。也就是说，只要是晶胚，它就是晶核，没有临界尺寸的限制。在 T_1 温度下，低谷和峰部的成分必须分别达到平衡成分 C_a 和 C_b，成分波动曲线低谷和峰部分别到达 C_a 和 C_b 后就逐渐变平直，相内没有浓度梯度，如图 6-17（b）所示。设成分波动曲线的波长为 λ，很显然，溶质富化区和贫化区之间的浓度梯度随 λ 减小而增加，浓度梯度增加使上坡扩散变得困难。成分波动曲线的波长 λ 也可作为新相大小的量度。λ 与调幅分解温度和合金成分有关，一般在 5～100nm 范围内变化。调幅分解温度越低（过冷度越大），λ 越小。

6.6.3　调幅分解的组织结构和性能

调幅分解的新相和母相之间仅存在成分差异，晶体结构相同，调幅分解产生的应力应变较小，所以新相和母相之间始终保持完全共格关系。

调幅分解时的成分呈周期性变化，因此它的组织分布也有明显的规律性。大多数调幅分解组织具有定向分布特征，如图 6-18 所示。析出相沿变形抗力较小的特定晶向生长，以降低弹性应变能，维持共格关系。

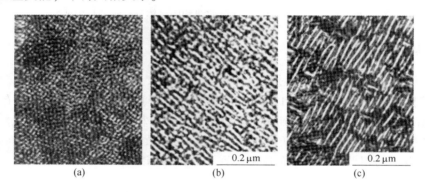

图 6-18　52Ni-33Cu-15Cr 合金 600℃时效后，调幅分解组织的透射电镜图（1000℃固溶处理 30min）
（a）时效 8.2ks；（b）时效 36ks；（c）时效 72ks

调幅分解成分波动曲线的波长只有 5～100nm，有较好的弥散强化效果。又因为调幅组织中不会发生位错的过度堆积，保证合金有良好的塑性。而且调幅分解的方向性易受外加能量场的影响，利用这一点可以进一步提高磁性材料的磁性能。

综上所述，固溶体的调幅分解与一般分解比较有如表 6-2 所示的特点。

表 6-2　调幅分解与普通脱溶分解的区别

固溶体分解类型	转变机制	是否形核	扩散方式	自由能-成分曲线特点	固溶体应具备的条件	新相成分结构特点	组织特点	界面特点	转变速率
调幅分解	扩散-偏聚	非形核	上坡	上凸	浓度起伏	仅成分变化，结构不变	脱溶相周期性排布，呈织构花样	模糊	高
普通固溶体分解	形核-长大	形核	下坡	下凹	浓度起伏能量起伏	成分、结构均改变	一段脱溶相不呈周期性排布	明晰	低

6.7　第二相强化的应用

合金中的脱溶沉淀现象极为普遍，有些合金的主要强化手段是通过时效处理来实现的。这类合金主要是指那些基体金属无同素异构转变或有同素异构转变但相变强化（指晶体结构变化的相变）不显著的合金。时效强化、沉淀强化、弥散强化没有本质差别，可以统称为第二相强化。

6.7.1 有色合金

铝、铜、镁等有色金属无同素异构转变，合金元素的置换固溶强化效果不显著，这类合金主要依靠细化晶粒、形变和（或）时效处理来提高强度。以铝合金为例说明其共同特点，如图 6-19 所示，D 点是变形铝合金和铸造铝合金的分界点。D 点以右，组织中存在共晶体，适于铸造。DF 之间固溶体有溶解度变化，固溶化处理后快速冷却，得到过饱和置换固溶体，塑性好，适于压力加工。过饱和固溶体在 DF 线以下某温度下保温，析出弥散第二相，合金的强度大大提高。F 点以左的合金不可能进行热处理强化。

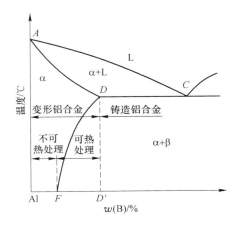

图 6-19 铝合金分类示意图

钛在 882.5℃ 发生同素异构转变，冷却时由体心立方的 β-Ti 转变成密排六方的 α-Ti。加入各种金属合金元素后，虽然淬火可发生马氏体相变，但强化效果不显著，其主要的强化手段和铝合金一样，依靠变形和（或）时效。按退火组织，钛合金主要有 α 型、β 型和（α+β）型 3 类，分别用 TA、TB 和 TC 加序号表示。α 型钛合金不能热处理强化，时效强化主要用于 β 型和（α+β）型钛合金，强化相是从 β 固溶体中析出的弥散 α_{II}。

6.7.2 铁基合金

严格来说，钢铁材料也属于铁基合金，但工程上通常将两者区别开来。铁基合金是指那些刻意加入金属合金元素，形成置换固溶体的合金，非金属碳引起的所有强化效应是次要的。

最典型的时效硬化型铁基合金是马氏体时效钢（18Ni 型）。其碳的质量分数极低，不超过 0.03%，加入大量的 Ni，空冷至室温就能获得板条马氏体，因碳的质量分数低，马氏体强度硬度并不高，但韧性良好。在 450~500℃ 时效处理，合金元素首先在位错处偏聚形成"气团"，再以"气团"为核心析出 Ni_2M、Ni_3M（M 代表其他金属合金元素）型金属间化合物，沉淀强化使钢的屈服强度提高到 1400~3500MPa。马氏体时效钢有 3 种强化机制：沉淀强化、固溶强化和相变强化（马氏体），其中沉淀强化的贡献最大。沉淀强化效果来自：（1）溶质原子向位错偏聚；（2）大量细小、弥散分布、高硬度的金属间化合物。

―――― **本章小结** ――――

（1）脱溶沉淀转变的最基本条件是：合金在平衡状态图上有固溶度变化。合金的基体金属无同素异构转变，或有同素异构转变但相变强化、固溶强化效果不显著时，固溶＋时效处理成为最主要的强化方式之一。

（2）在一定温度下，过饱和固溶体的过饱和度要下降，将从过饱和固溶体中析出新相，该过程的终态是获得无过饱和度的固溶体加另一端际固溶体或化合物。其间要经历一个或几个亚稳过渡脱溶相的析出过程。Al-Cu 合金的沉淀脱溶贯序为 $\alpha \rightarrow$ G.P. $\rightarrow \theta'' \rightarrow \theta' \rightarrow \theta$。

（3）脱溶沉淀是典型的扩散型转变，符合扩散型相变的所有热力学和动力学基本规律。

（4）脱溶沉淀后合金的显微组织受合金成分、固溶和时效处理工艺、固溶处理后或时效处理前是否施加冷变形等因素的影响，但最根本的影响因素是溶质原子的扩散能力。溶质原子作长程扩散，则发生连续脱溶，析出物一般呈针状、等轴状等；溶质原子只能作短程扩散，则发生不连续脱溶，出现胞状组织特征。而所有合金最终的组织都是等轴晶基体加粒状（或）球状析出相。

（5）时效强化是位错与析出相交互作用的结果，位错与析出相存在 3 种交互作用机制：内应力强化、位错切过和位错绕过析出相颗粒。

（6）时效后合金的性能由固溶体过饱和程度、基体回复与再结晶以及析出相共同决定，当析出相与母相的共格关系破坏及析出相粗化时，时效强化的效果开始回落。

（7）调幅分解是一个无形核、无需激活能、自发连续的上坡扩散长大过程。

复习思考题

6-1　解释下列名词：固溶处理、时效、自然时效、人工时效、冷时效、温时效、回归、时效强化、调幅分解、上坡扩散、过时效。

6-2　脱溶沉淀的条件是什么？

6-3　试述连续脱溶和非连续脱溶的主要异同点。

6-4　无析出区的形成原因及对力学性能的影响。

6-5　以 Al-Cu 合金为例说明过饱和固溶体脱溶沉淀过程。

6-6　回归现象在实际生产中有何应用？

6-7　解释为什么普通脱溶必须以形核长大方式进行，而调幅分解则不必通过形核长大方式进行。

6-8　调幅分解属于有核转变还是无核转变？溶质原子进行下坡扩散还是上坡扩散？与普通脱溶分解比较，调幅分解有何特点？

6-9　分析沉淀强化机制。

6-10　Al-Cu 合金脱溶沉淀过程中，平衡相 θ 的沉淀驱动力最大，但不能首先析出，为什么？

7 非扩散型相变——马氏体相变

目的与要求：掌握马氏体相变的主要特征；马氏体形态与亚结构及其影响因素；奥氏体稳定化。了解马氏体相变热力学、动力学和晶体学；了解马氏体力学性能。

马氏体相变是钢件热处理强化的重要手段，马氏体相变是最典型的切变共格型相变，产生切变共格型相变的热处理叫淬火（quenching）。切变共格（shear cohence）是指晶体点阵的重构是通过切变的方式来完成的，切变时，基体原子集体有规则的近程迁移。所以，新相和母相之间保持共格关系。凡是点阵重构来不及按扩散的方式进行，而是通过切变共格的形式完成的相变，都称为马氏体相变（martensitic transformation）。不仅金属材料，在陶瓷材料中也发现马氏体相变。相变产物称为马氏体（martensite），是为纪念德国冶金学家马滕斯（A. Martens）。

7.1 马氏体相变的主要特征

马氏体相变是发生在较低温度下的一种非扩散型相变，相变时不仅基体金属原子和置换型金属原子不能扩散，而且原子半径小的间隙原子也难以长程扩散。所以，马氏体相变具有一系列不同于扩散型相变的特征。

7.1.1 非扩散性

试验表明，过冷奥氏体转变为马氏体时，点阵结构由面心立方变为体心立方（或体心正方），而无成分变化；在相当低的温度（甚至在4K）下也可能以极快的速度发生马氏体相变，这种情况下，原子已不可能长程扩散。非扩散并不意味着原子绝对没有移动，只是相变时相邻原子的相对位置没有变化，即相邻原子之间的相对位移不超过一个原子间距。

7.1.2 切变共格和表面浮凸

马氏体相变时，点阵的改组是通过"切变"的方式来完成的，即新相的原子相对母相原子集体发生有规则的近程迁移。切变必然伴随两种后果：其一，新相马氏体和母相过冷奥氏体的相界面是共格的，马氏体长大时，原子只作有规则的迁移而不改变界面的共格状态；其二，光滑的试样表面必然能观察到切变留下的宏观证据，即表面浮凸，如图 7-1（a）所示。相变前试样抛光面的直线划痕 STS，变成相变后的折线 $STT'S'$，如图 7-1（b）所示，表面浮凸截面示意如图 7-1（c）所示。

86

(a)

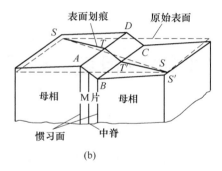
(b)

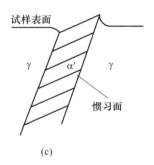
(c)

图 7-1　马氏体相变引起的表面浮凸

(a) 金相图；(b)，(c) 示意图

7.1.3　位向关系和惯习面

7.1.3.1　位向关系

切变共格的另外一个证据是，马氏体和母相过冷奥氏体之间存在严格的位向关系。钢中已发现的位向关系有 K-S 关系、西山关系和 G-T 关系。

A　K-S 关系

Kurdjumov 和 Sachs 用 X 射线极图法测量出碳的质量分数为 1.4% 的钢中马氏体（α'）与奥氏体（γ）之间存在以下 K-S 关系：

$$\{111\}_{\gamma} // \{110\}_{\alpha'}$$
$$<110>_{\gamma} // <111>_{\alpha'}$$

即奥氏体晶体（面心立方）的最密排面和最密排方向分别与马氏体晶体（体心立方或体心正方）的最密排面和最密排方向平行。如图 7-2（a）所示，面心立方晶胞中有 4 个最密排面，每个面上马氏体可能有 6 种不同的取向（以三角形三个边为 $\{110\}_{\alpha'}$ 面的对角线），所以总共有 24 种可能的马氏体取向。图 7-2（b）为面心立方晶胞与体心正方晶胞的几何关系，很显然，图中的 $\{111\}_{\gamma}$ 就是 $\{110\}_{\alpha'}$ 面，$<110>_{\gamma}$ 平行于 $<111>_{\alpha'}$。K-S 取向关系符合常理，因为最密排面的面间距最大，沿最密排面的最密排方向切变最容易。

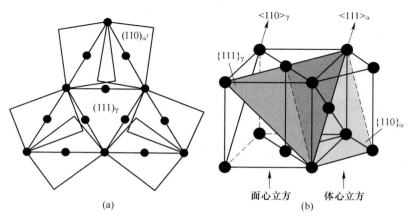

(a)　　　　　　　　　　　(b)

图 7-2　马氏体在 $(111)_{\gamma}$ 面上形成时可能的 6 种不同的 K-S 关系取向

(a) 平面图；(b) 立体图

B 西山关系

Nishiyama 在研究 Fe-30%Ni 单晶合金时发现，室温以上形成的马氏体与奥氏体之间存在 K-S 关系，而在-70℃以下存在西山关系，即：

$$\{111\}_\gamma // \{110\}_{\alpha'}$$
$$<112>_\gamma // <110>_{\alpha'}$$

按照西山关系，每个 $(111)_\gamma$ 面上只能有 3 种不同的取向（即平行于 $(111)_\gamma$ 面上的三个高），所以马氏体总共有 12 种取向，如图 7-3（a）所示。图 7-3（b）是面心立方晶胞与体心正方晶胞的几何关系，很显然，图中的 $\{111\}_\gamma$ 就是 $\{110\}_{\alpha'}$ 面，$<112>_\gamma$ 平行于 $<110>_{\alpha'}$。西山关系和 K-S 关系比较，晶面平行关系是一样的，晶向差了 5°16′，如图 7-3（c）所示。

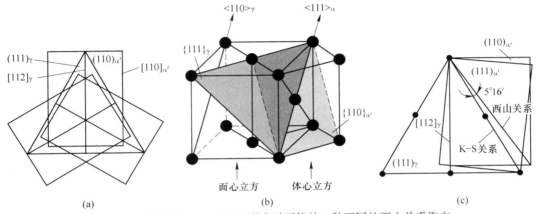

图 7-3 马氏体在 $(111)_\gamma$ 面上形成时可能的 3 种不同的西山关系取向

(a) 平面图；(b) 立体图；(c) K-S 关系与西山关系的比较

C G-T 关系

Greninger 和 Troiaon 精确测量了 Fe-0.8C-22Ni 合金中奥氏体与马氏体之间的位向关系，发现 K-S 关系存在一定的偏差，即：

$$\{111\}_\gamma // \{110\}_{\alpha'} \quad 差 1°$$
$$<110>_\gamma // <111>_{\alpha'} \quad 差 2°$$

这就是 G-T 关系。

7.1.3.2 惯习面

马氏体相变时新相与母相之间存在严格的位向关系，也说明新相是在母相特定晶面上开始形成的，这个特定面称为惯习面（habit plane），如图 7-1（c）所示，通常用母相的晶面指数来表示。

有 3 种常见的惯习面：$\{111\}_\gamma$，$\{225\}_\gamma$，$\{259\}_\gamma$。惯习面与钢中碳的质量分数和形成温度有关。碳的质量分数在 0.6%以下，惯习面为 $\{111\}_\gamma$；碳的质量分数高于 1.4%时，惯习面为 $\{259\}_\gamma$；碳的质量分数在 0.6%~1.4%之间，惯习面为 $\{225\}_\gamma$。随马氏体相变温度下降，惯习面向高晶面指数变化。

7.1.4 马氏体相变的不彻底性

马氏体相变是在一个温度范围（$M_s \sim M_f$）内完成的，M_s 对应马氏体相变开始温度，

M_f 为马氏体相变结束温度。奥氏体过冷到 $M_s \sim M_f$ 之间的某个温度时，马氏体相变即刻以极大的速度进行，不需要孕育期。

马氏体转变的不彻底性表现在两个方面：

（1）在 $M_s \sim M_f$ 之间某个温度等温时，马氏体转变量迅速达到最大值，延长等温时间，马氏体量不会有任何变化。必须继续降温，马氏体相变才能得以继续进行，马氏体转变量增加。即马氏体转变量是温度的函数，而与等温时间无关。

（2）一般情况下，即使冷却到 M_f 点以下也得不到100%马氏体，仍保留部分未转变的过冷奥氏体，称为残余奥氏体（retained austenite）。如果 M_f 点在室温以下，淬火至室温时仍有相当数量的残余奥氏体。根据马氏体转变量是温度函数的特点，需对钢进行冷处理，将钢继续冷却到室温以下使残余奥氏体尽可能多的转变为马氏体。

由晶体学的知识可知，铁由面心立方结构转变为体心立方结构是一个体积膨胀的过程，剩余过冷奥氏体继续转变为马氏体时，将受周边已转变的具有高强度高硬度的马氏体约束，膨胀受限而导致转变困难，这是马氏体相变不彻底性的本质原因。

7.1.5　马氏体相变的可逆性

马氏体相变热滞较小时（有关热滞的含义参见7.4.5节），可以发生可逆转变。冷却时过冷奥氏体转变成马氏体，重新加热时，马氏体发生逆相变又转变成奥氏体。逆相变也有相变开始和结束点，分别用 A_s 和 A_f 表示，通常，A_s 比 M_s 点高。

综上所述，马氏体相变区别于其他相变的最基本特点有两个：切变共格和无扩散性。其他特点都是由这两个基本特征派生出来的。

7.2　马氏体的晶体结构与组织形态

7.2.1　马氏体的晶体结构

基体金属铁通过切变发生点阵重构，合金元素碳不能扩散而全部保留在切变后的晶格内部，所以马氏体是碳在 α-Fe 中的过饱和固溶体，过饱和程度随钢中碳的质量分数增加而增加。碳位于体心立方晶格的扁八面体间隙中心，如图7-4所示。根据计算，扁八面体

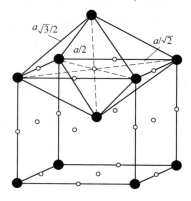

图7-4　体心立方中的八面体间隙位置

间隙短轴方向上间隙半径仅为 0.019nm，而碳原子半径为 0.077nm，因此，α-Fe 的碳溶解度是极小的。碳"挤入"扁八面体间隙中心时，使扁八面体短轴伸长，长轴相应收缩，引起点阵畸变，畸变严重时体心立方点阵变成了体心正方点阵。正方度 c/a 随溶碳量的提高而增加，如图 7-5 所示，点阵常数与马氏体中碳的质量分数呈线性关系。因此，可以通过测定正方度来确定马氏体中碳的质量分数。

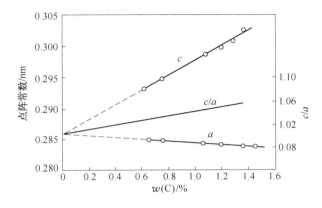

图 7-5 马氏体的点阵常数与含碳量之间的关系

7.2.2 马氏体的组织形态

马氏体形态与钢的成分和热处理条件有关，主要有板条马氏体和片状马氏体。

7.2.2.1 板条马氏体

板条马氏体（lath martensite）的显微组织是由许多成群的板条组成，如图 7-6 所示。其亚结构主要是位错，所以又称为位错型马氏体（dislocation-type martensite）。

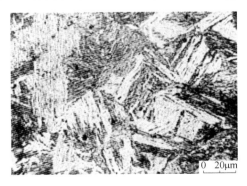

图 7-6 板条马氏体的显微组织

板条马氏体显微组织构成示意如图 7-7 所示。可见，一个原奥氏体晶粒是由几个（通常为 3~5 个）称为"束"（packet）的区域所组成（A 区域）；有时一个束又由若干个称为"块"（block）的平行区域所分割（B 区域），束内不存在块的情况也是有的（区域 C）。束和块都是由许多板条构成，这些板条通常以每 2~6 条组成一个旋转位向组，即每个束或块由数个旋转位向组所构成（D 区域）。综上所述，板条状马氏体是由束、块、旋转位向组和板条等组织单元构成，而板条则是最基本的构成单元。板条就是马氏体单晶体，尺寸约 $0.5\mu m \times 5\mu m \times 20\mu m$。马氏体单晶多被连续的高度变形的约 20nm 厚的残余奥氏体薄膜所隔开。相邻马氏体板条以小角晶界相间，也可以呈孪晶关系，呈孪晶关系时，板条间无残余奥氏体薄膜存在。板条内具有高密度的位错，位错密度与铁经深冷变形后的位错密度相当（$10^{11} \sim 10^{12} cm^{-2}$）。

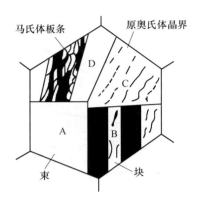

图 7-7　板条马氏体显微组织构成示意图

事实上，马氏体束是指惯习面指数相同而在形态上呈现平行排列的板条集团。例如，按照 K-S 或西山关系，$\{011\}_{\alpha'}$ 中的晶面与惯习面 $(111)_{\gamma}$ 平行的相邻板条组成一个束，而与惯习面 $(1\bar{1}1)_{\gamma}$ 平行的则组成另一个束。根据 $\{111\}_{\gamma}$ 面的数量，束只可能有 4 种位向。可见，马氏体束之间是以大角度晶面（束界）分开的。马氏体块是指惯习面晶面指数相同且与母相位向关系相同的板条集团。例如，由 $(111)_{\gamma} // (110)_{\alpha'}$ 或 $(111)_{\gamma} // (101)_{\alpha'}$ 的相邻板块组成另一个马氏体块。因 $(011)_{\alpha'}$、$(110)_{\alpha'}$ 和 $(101)_{\alpha'}$ 等晶面互成 $60°$ 角，所以各块之间以大角度晶界（块界）分开。

板条马氏体的显微组织与钢的成分有很大关系。碳的质量分数小于 0.3% 的碳钢，马氏体束与块均很清晰；碳的质量分数在 0.3% ~ 0.6% 时，马氏体束清晰，但马氏体块不清晰；碳的质量分数升高到 0.6% ~ 0.8% 时，束和块都不清晰。奥氏体化温度影响奥氏体晶粒尺寸，从而影响马氏体束的大小。马氏体束随奥氏体晶粒增大而增大，但马氏体板条的宽度不受影响。淬火冷却速度增大，马氏体束径和马氏体块的宽度同时减小，即加快淬火冷却速度有细化板条马氏体组织的作用。

7.2.2.2　片状马氏体

片状马氏体（plate martensite）常见于高、中碳钢及高 Ni 的 Fe-Ni 合金，其光学显微组织形态如图 7-8 所示。片状马氏体的空间形态呈双透镜片状，二维截面就呈现出针状或竹叶状，所以片状马氏体也称为透镜片状、针状或竹叶片状马氏体。片状马氏体的亚结构主要是孪晶，因此又称为孪晶马氏体（twin martensite）。

片状马氏体的显微组织有 3 个显著特征：（1）互不平行的马氏体片在奥氏体晶粒内形成，先形成的马氏体片贯穿整个奥氏体晶粒，后形成的马氏体片越来越小，如图 7-9（a）所示；（2）通常在片状马氏体中能观察到明显的中脊，其惯习面为 $\{225\}_{\gamma}$ 或 $\{259\}_{\gamma}$，与母相呈 K-S 关系或西山关系；（3）片状马氏体内存在许多孪晶，但孪晶不扩展到马氏体

图 7-8 Fe-32Ni 合金的片状马氏体显微组织

片的边缘，马氏体片的边缘区域是复杂的位错组列。也就是说，片状马氏体的亚结构可以分为中间部分的孪晶区和片周围部分的位错区（图 7-9（b））。孪晶区所占比例与 M_s 点有关，M_s 点越低，孪晶区所占比例越大。

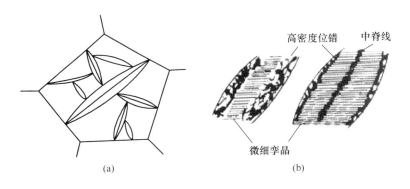

图 7-9 片状马氏体的组织特征
（a）组织示意图；（b）亚结构示意图

7.2.2.3 其他形态的马氏体

A 蝶状马氏体

蝶状马氏体常见于 Fe-Ni 和 Fe-Ni(Cr)-C 合金中，且形成温度介于板条马氏体和片状马氏体形成温度之间。其立体形态为"V"形柱状（见图 7-10（b）），截面呈蝴蝶形，所以称为蝶状马氏体或多角状马氏体。蝶状马氏体两翼的惯习面为 $\{225\}_\gamma$，两翼交合面为 $\{100\}_\gamma$，与母相大体存在 K-S 关系。蝶状马氏体的亚结构是高密度位错，无孪晶存在。

B 薄片状马氏体

在 M_s 极低的 Fe-Ni-C 合金中可以观察到厚度约 $3 \sim 10 \mu m$ 的薄片状马氏体，其立体形态为薄片状，断面呈宽窄一致的平行带状，如图 7-11 所示。带可以相互交叉，呈现曲折和分枝等形态。薄片状马氏体的惯习面是 $\{259\}_\gamma$，与母相保持 K-S 关系，亚结构是 $\{112\}_{\alpha'}$ 孪晶。与片状马氏体的最大区别是，薄片状马氏体无中脊。

C ε 马氏体

对于奥氏体层错能较低的合金，有可能形成具有密排六方点阵结构的马氏体，称为 ε 马氏体。ε 马氏体呈极薄片状（见图 7-12），其厚度仅为 $100 \sim 300 nm$，亚结构是高密度

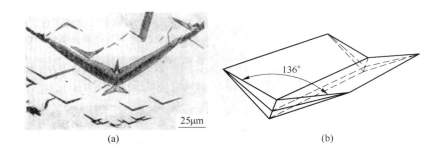

图 7-10　蝶状马氏体组织

（a）Fe-18Ni-0.7Cr-0.5C 钢中蝶状马氏体显微组织；（b）蝶状马氏体立体形状

图 7-11　Fe-31Ni-0.28C 合金的薄片状马氏体

的层错。ε 马氏体的惯习面为 $\{111\}_\gamma$，与奥氏体之间的位向关系为 $\{111\}_\gamma//\{0001\}_\varepsilon$，$<110>_\gamma//<1120>_\varepsilon$。

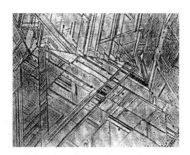

图 7-12　Fe-16.4Mn-0.09C 合金的 ε 马氏体

7.2.3　影响马氏体形态及亚结构的因素

影响马氏体形态及亚结构的因素主要有：

（1）化学成分。合金元素是影响马氏体形态及其亚结构的主要因素。对于铁碳合金，碳的质量分数在 0.3% 以下为板条状马氏体；1.0% 以上为片状马氏体；0.3% ~ 1.0% 之间为板条和片状马氏体的混合组织。对于 Fe-Ni-C 合金，随碳的质量分数的增加，马氏体由板条状向片状以及薄片状转化。

凡是缩小 γ 相区的合金元素，提高了马氏体形成温度，均促使板条马氏体形成；而扩

大 γ 相区的合金元素，降低了马氏体形成温度，将有利于得到片状马氏体；能显著降低奥氏体层错能的合金元素（如 Mn）则促进 ε 马氏体形成。

（2）马氏体形成温度。随形成温度的降低，马氏体形态将按照板条状-蝶状-片状-薄片状的顺序转化，亚结构则由位错逐步转化为孪晶。因此，对于一定成分的合金，在 $M_s \sim M_f$ 之间的温度范围内，有可能得到几种不同形态的马氏体混合组织。

（3）奥氏体层错能。层错能低是形成 ε 马氏体的必要条件，但不是充分条件。一般来说，奥氏体的层错能越低，越趋向于形成位错型马氏体。例如，层错能极低的 18-8 型不锈钢在液氮温度下也能形成板条马氏体。

（4）奥氏体与马氏体的强度。由于马氏体相变是通过切变方式进行的，母相过冷奥氏体和新相马氏体的屈服强度影响切变，所以影响马氏体形态。马氏体相变温度、奥氏体和马氏体的屈服强度均较低时，有利于形成板条马氏体；若马氏体强度较高，有利于孪晶马氏体的形成；若奥氏体和马氏体的强度均很高，只能获得片状马氏体。

（5）滑移与孪生变形的临界分切应力。还有一种观点认为，相变时的变形方式确定了马氏体的亚结构，即滑移变形和孪生变形的临界分切应力大小是控制马氏体亚结构和形态的因素。滑移和孪生变形的临界分切应力均随温度上升而下降，而在较高温度下，滑移变形时的临界分切应力小，易形成位错型马氏体；转变温度较低时，相对来说孪生变形容易，则得到孪晶型马氏体；两种临界分切应力差别不大时，形成马氏体的混合组织。

综上所述，影响马氏体形态和亚结构最主要的因素是碳的质量分数和形成温度。一般来说，凡是降低马氏体转变温度的因素都会导致板条马氏体量减少，片状马氏体量增多。切变越困难，越不利于板条马氏体形成。碳的质量分数和转变温度对马氏体形态和亚结构的影响是一致的，因为碳的质量分数越大，M_s 点越低。

7.3 马氏体相变热力学

7.3.1 马氏体相变热力学条件

任何相变的热力学条件都是新相与母相的自由能差小于零，马氏体相变也不例外，其相变热力学条件是：$\Delta G_{\gamma \to \alpha'} = G_{\alpha'} - G_\gamma < 0$。

马氏体相变阻力也是新相形成时的界面能和应变能。此外，需要克服切变阻力完成点阵改组；马氏体相变时产生大量位错或孪晶等晶体缺陷，导致体系能量升高；马氏体相变是一个体积膨胀的过程，使周边邻近的过冷奥氏体产生塑性变形，这些都增加了马氏体相变的阻力。所以必须过冷到低于 T_0 的某一温度 M_s 以下时 $\Delta G_{\gamma \to \alpha'} < 0$，才能发生马氏体相变，如图 7-13 所示。$M_s$ 与 T_0 的差值称为热滞（Heat stagnation）。热滞越大，要求马氏体相变的驱动力越大，即：

$$\Delta G_{\gamma \to \alpha'} = G_{\alpha'} - G_\gamma = \Delta S(T_0 - M_s) \tag{7-1}$$

式中　ΔS——相变引起的熵变。

由面心立方点阵转变为体心立方（正方）点阵的马氏体相变，热滞最大；面心立方点阵转变为 ε 马氏体（六方点阵）的热滞较小；热弹性马氏体相变的热滞最小。

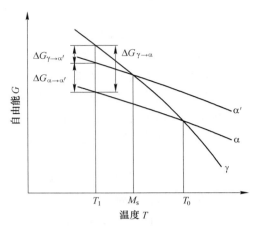

图 7-13   奥氏体和马氏体的自由能与温度的关系

7. 3. 2 M_s 点的物理意义及其影响因素

7. 3. 2. 1 M_s 点的物理意义

M_s 点是马氏体相变开始温度，是使马氏体转变得以进行所需的最小过冷温度，其物理意义是奥氏体和马氏体两相自由能差达到相变所需最小驱动力时的温度。

M_s 点在实际生产中具有重要意义：

（1）制定各种淬火工艺时，必须参考 M_s 点；

（2）M_s 点的高低直接影响淬火后的残余奥氏体量以及淬火变形和开裂倾向；

（3）如前所述，马氏体形态和亚结构与 M_s 点有关。

7. 3. 2. 2   影响 M_s 点的因素

影响 M_s 点的因素有：

（1）奥氏体的化学成分。化学元素对 M_s 影响的本质是对平衡温度 T_0 的影响以及对奥氏体强化作用。奥氏体的化学成分是影响 M_s 点最重要的因素，其中碳的质量分数的影响最为显著。如图 7-14 所示，随碳的质量分数的增加，M_s 和 M_f 都下降，但碳的质量分数小

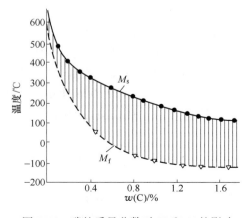

图 7-14   碳的质量分数对 M_s 和 M_f 的影响

于 0.6% 时，M_f 下降更显著，此时的 M_f 点已经降到 0℃ 以下，这说明淬火到室温，组织中将有较多的残余奥氏体。因为碳的固溶强化效果最好，增加了马氏体相变的切变阻力，碳还是稳定 γ 相的合金元素，能降低 γ→α′ 相变的平衡温度 T_0，因此强烈降低 M_s 点。氮也是固溶强化效果很好的合金元素，所以氮对 M_s 点的影响与碳类似。

其他金属类合金元素对 M_s 点的影响如图 7-15 所示。除 Al 和 Co 提高 M_s 点外，其余合金元素均不同程度降低 M_s 点，降低的强弱程度排序为：Mn、Cr、Ni、Mo、Cu、W、V、Ti，但效果均不如 C 显著。Al 和 Co 提高 M_s 点的原因是，增加了 γ-Fe 和 α-Fe 之间的自由能差，使相变易于进行。应当指出，首先，奥氏体的化学成分与奥氏体化工艺有关，钢的奥氏体化学成分可能与该钢的化学成分不一样，所有合金元素的影响效果都是以全部溶入奥氏体为前提条件。其次，图中表示的是单一合金元素的影响，多种合金元素的共同作用很复杂。合金元素对 M_f 有类似的影响。

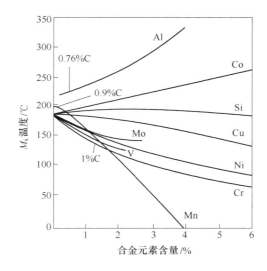

图 7-15　合金元素对铁碳合金 M_s 点的影响（碳的质量分数接近 1%）

（2）奥氏体化条件。一般情况下，完全奥氏体化时，提高加热温度和延长保温时间将使 M_s 点升高；不完全奥氏体化时的情况刚好相反。随着奥氏体化温度提高和保温时间的延长，碳及合金元素能充分溶入奥氏体，并使奥氏体成分更加均匀，M_s 点下降。但是另一方面又引起奥氏体晶粒长大，并降低切变阻力，使 M_s 点升高。

（3）淬火冷却速度。对 Fe-0.5C-2.05Ni 钢的试验结果表明，一般冷速下不影响 M_s 点，冷速超过一定值时，M_s 点迅速升高，继续增加冷速，M_s 点不再发生变化，如图 7-16 所示。这种现象与碳原子在位错等缺陷偏聚，形成"碳原子气团"有关。"气团"尺寸取决于温度，在一般淬火速度下，"气团"可达到一定尺寸，对奥氏体起强化作用，M_s 点较低；快速淬火时，"气团"被抑制，奥氏体弱化，切变阻力减小，M_s 点上升；极快冷却时，"气团"完全被抑制，M_s 点不再随冷速变化。

（4）弹性应力和塑性变形。单向弹性拉应力或压应力提高 M_s 点，促使马氏体转变，多向压应力则阻碍马氏体形成。原因是马氏体相变是一个体积膨胀的过程。

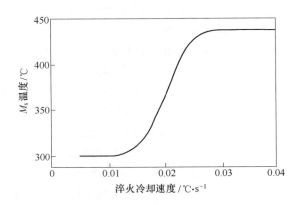

图 7-16　淬火冷却速度对 Fe-0.5C-2.05Ni 钢 M_s 点的影响

在 $M_s \sim T_0$ 或 $M_s \sim M_f$ 之间对奥氏体进行一定量的塑性变形，将诱发马氏体相变，这种变形诱发马氏体称为形变马氏体。温度越高，形变诱发马氏体量减少，直至不再诱发马氏体相变。可获得形变马氏体的最高温度称为形变马氏体点，用 M_d 表示。

在 $T_0 \sim A_s$ 之间塑性变形，同样可以诱发马氏体的逆相变（M→A）。能获得形变诱发奥氏体的最低温度称为形变奥氏体点，用 A_d 表示。很显然，M_d 点的上限温度和 A_d 点的下限温度都是 T_0。

按照热力学的观点，形变诱发马氏体相变的原因可用图 7-17 予以说明。设 $\Delta G_{\gamma \to \alpha'}$ 为马氏体转变必需的驱动力，在 M_s 点处的化学驱动力刚好达到马氏体相变所需的驱动力。变形实质上是提供了额外的机械驱动力，在 M_d 点，化学驱动力 nm 与机械驱动力 mp 叠加，正好等于 $\Delta G_{\gamma \to \alpha'}$，即变形使 M_s 点上升到 M_d 点。

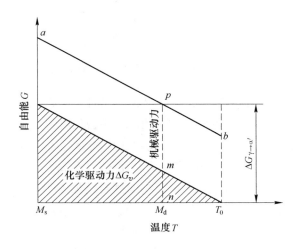

图 7-17　形变诱发马氏体相变原理示意图

（5）外加磁场。外加磁场将诱发马氏体相变，使 M_s 点升高，相同温度下的马氏体量增加，如图 7-18 所示。与未加磁场相比，如果相变尚未结束就撤去外磁场，则相变立刻恢复到不加磁场的状态，马氏体的最终转变量也没有大的变化。

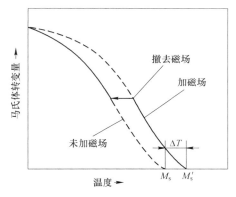

图 7-18 外加磁场对马氏体转变过程的影响

外加磁场使具有最大磁饱和强度的马氏体相（居里温度 A_2 以下）更稳定，而对非铁磁奥氏体的自由能没影响。从热力学角度讲，外加磁场实际上是用磁能补偿了部分化学驱动力，与机械能的作用机理一样。

（6）中间组织转变。如果冷却速度达不到要求，马氏体转变前过冷奥氏体可能发生了部分其他相变，如珠光体或贝氏体转变，这些相变会使剩余过冷奥氏体中碳的质量分数有所变化，导致剩余过冷奥氏体的 M_s 点发生相应的变化。

综上所述，凡是强化奥氏体、使奥氏体稳定的因素均降低 M_s 点；凡是降低平衡温度 T_0、扩大 γ 区、缩小 γ-Fe 和 α-Fe 之间自由能差的因素，均降低 M_s 点。

7.3.3 马氏体相变形核理论 *

马氏体相变仍然是一个形核和核长大的过程。实验证明，马氏体相变不是均匀形核，形核位置与母相中的位错、层错等缺陷有关，这些位置存在能量起伏和结构起伏。马氏体形核符合经典的相变形核理论，即只有尺寸超过临界晶核尺寸的晶胚才能成为晶核，而临界晶核尺寸与过冷度有关。当大于临界尺寸的晶胚消耗殆尽时，相变也就停止，只有进一步降低温度（增加过冷度）才能使更小的晶胚成为晶核。

Knapp 和 Dehlinger 提出马氏体晶胚的位错结构模型（K-D 模型）。该模型认为马氏体晶胚为薄扁圆片形，周围由一系列大小不等的位错环组成，如图 7-19 所示。惯习面为 {225}$_\gamma$，界面两侧保持 K-S 位向关系。螺型位错组向外移动使晶胚加厚，刃型位错组径向移动，则产生新的位错环，使晶胚径向长大。

对于面心立方点阵转变成六方结构的马氏体，认为堆垛层错可能是马氏体的晶胚，即面心立方的奥氏体经过密排六方中间相之后转变为体心立方（正方）结构的马氏体。

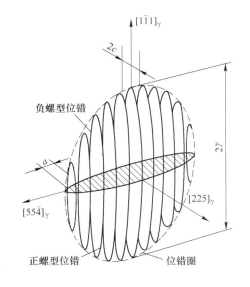

图 7-19 马氏体核胚的 K-D 模型

7.4 马氏体相变动力学

马氏体相变速度主要取决于形核和形核率，而形核后的长大速度极快，与相变温度关系不大。

7.4.1 变温马氏体相变

一般的碳素钢、合金钢属于变温马氏体相变，这类相变的特点是：（1）在 M_s 点以下，马氏体晶核瞬时形成，急速长大，而且必须不断降温，马氏体晶核才能不断形成；（2）马氏体长大所需激活能极小，即使在极低的温度下仍能高速生长；（3）一个马氏体单晶长大到一定极限尺寸后就不再生长，继续降温时，新的马氏体晶核形成并长大。这就是说，马氏体相变速度仅仅取决于马氏体的形核率，与马氏体晶核的长大速度无关。马氏体的转变量由深冷程度（$\Delta T = M_s - T_q$）决定，与在 T_q 温度下停留的时间无关。大量的实验结果表明，对于碳的质量分数近于1%的碳钢和低合金钢，马氏体转变体积分数与深冷度之间存在以下经验关系式：

$$X = 1 - 6.965 \times 10^{-5} \times [455 - (M_s - T_q)]^{5.32} \tag{7-2}$$

但当转变量超过50%时，计算值比实验值略大。

7.4.2 等温马氏体相变

这类马氏体相变符合一般的热激活形核规律，即等温形成时，也有孕育期，形核率随过冷度增大先增后减，其转变动力学与珠光体相变一样也呈"C"形，如图7-20所示。马氏体相变的体积分数可随等温时间的延长而增加，但与马氏体晶核的长大速度无关，仅取决于马氏体的形核率。

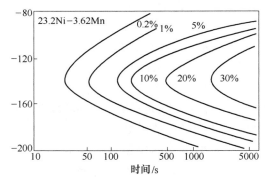

图 7-20   Fe-Ni-Mn 合金等温马氏体转变 C 曲线

等温马氏体相变的一个重要特征是相变不能进行到底，因为马氏体相变时的体积变化引起周边过冷奥氏体变形，增大了随后马氏体相变的切变阻力，必须继续增加相变驱动力才能使相变得以继续进行。

7.4.3 爆发型马氏体相变

马氏体点低于室温的某些合金，当冷却到 M_s 点以下爆发式转变温度 M_b 时，在瞬间形成大量的马氏体，之后继续降温时，则呈现出变温马氏体转变特征，如图7-21所示。由于马氏体的爆发式形成，将伴有声音并释放大量相变潜热，使试样有约30℃的升温。从图7-21可以看出，马氏体的爆发形成量与温度有关，且随温度降低存在极大值。

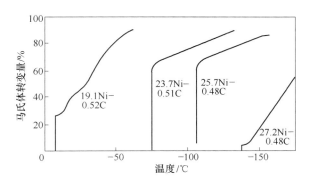

图7-21　Fe-Ni-C合金马氏体爆发式转变量与温度的关系曲线

惯习面为 $\{225\}_\gamma$ 的透镜片状马氏体爆发式形成时，片尖应力促使另一片马氏体形核长大，呈现连锁反应的态势，马氏体呈"Z"字形，所以这类相变是自触发形核，瞬间长大。晶界是马氏体爆发转变呈现连锁反应的障碍，M_b 以上局部变形则促使马氏体的爆发转变。

7.4.4　表面马氏体相变

马氏体转变是一个体积膨胀的过程，对周边过冷奥氏体产生压应力，使继续相变困难，而试样的自由表面不受三向压应力约束。因此，同样条件下，合金表面的 M_s 偏高。在略高于合金 M_s 点等温时，表面会发生马氏体相变，而内部仍然为过冷奥氏体，所以称之为表面马氏体。表面马氏体形核也需要孕育期，但长大速度较慢。

7.4.5　热弹性马氏体[*]

形状记忆效应的本质是弹性马氏体相变及其逆相变。

在金属的马氏体相变中，根据马氏体相变和逆相变的温度滞后大小（即热滞 $A_s - M_s$）和马氏体的长大方式，马氏体相变可分为热弹性马氏体相变和非热弹性马氏体相变。普通铁碳合金的马氏体相变为非热弹性马氏体相变，其热滞非常大，约为几百度。热弹性马氏体相变的热滞比非热弹性马氏体相变小1个数量级以上，有的只有几摄氏度，如图7-22所示。Fe-Ni合金冷却到 $M_s = -30℃$，发生马氏体相变；加热至 $A_s = 390℃$ 发生逆转变，热滞高达 $420℃$。而Au-Cd马氏体相变的热滞小得多，只有16℃。

热弹性马氏体相变的重要特点是，降温时形成马氏体，加热时又立刻开始进行逆转变，即马氏体会随着温度的变化而长大或收缩，新相与母相的相界面表现出弹性式推移或收缩，在相变的全过程中一直保持着良好的协调性，共格界面始终没有破坏。

为了始终保持热弹性马氏体相变的共格关系，相变时的体积变化应当小。相变产生的体积变化是靠新旧相界面附近的弹性变形进行协调的。随着马氏体片的长大，相界面上的弹性应变能增加，在一定温度下化学驱动力和阻力达到平衡——热弹性平衡。在这种情况下，降温时，化学驱动力增大，马氏体长大，但弹性应变能升高；升温时，化学驱动力减

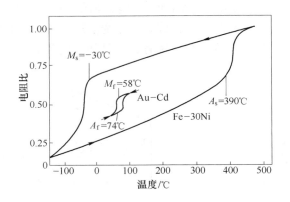

图 7-22 Fe-Ni 和 Au-Cd 合金马氏体相变的热滞

少，界面弹性应变能得以释放，马氏体片收缩。

弹性马氏体的驱动力如果是应力，就属于应力弹性马氏体。在 $M_s \sim M_d$ 之间形成的马氏体只有在应力作用下才稳定，应力增加马氏体长大；应力减小马氏体收缩。应力弹性马氏体和热弹性马氏体统称为弹性马氏体，弹性马氏体相变及其逆相变，因马氏体的膨胀与收缩，导致材料外形的伸与缩，就产生了所谓的形状记忆效应。

7.4.6 奥氏体稳定化

马氏体转变动力学中的一个特殊问题是过冷奥氏体的稳定化，是指过冷奥氏体在外界因素作用下，因内部结构发生某种变化而使马氏体转变呈现迟滞的现象。奥氏体稳定化使残余奥氏体量增多，导致硬度下降或零件使用过程中几何尺寸发生变化。因此，奥氏体稳定化是个值得关注的问题。根据产生奥氏体稳定化的外界因素，有热稳定化和机械稳定化之分。

7.4.6.1 奥氏体的热稳定化

淬火过程中冷却暂时中断（如缓慢冷却或等温停留）而引起奥氏体稳定性提高、马氏体转变迟滞的现象称为奥氏体的热稳定化。如图 7-23 所示，在 M_s 点以下 T_A 温度停留 τ 时间后，继续冷却时，马氏体相变不是立即恢复，而是要冷却到 M_s' 才重新形成马氏体，即滞后了 θ（$\theta = T_A - M_s'$）摄氏度。与正常冷却条件相比，同一温度（例如 T_R 下）的转变量减少了 δ（$\delta = f_1 - f_2$），奥氏体稳定化的程度可以用 θ 或 δ 来量度。

研究表明，奥氏体稳定化存在一上限温度 M_c，只有在 M_c 以下停留或缓慢冷却，才出现稳定化现象。M_c 点可以低于 M_s 点，也可以高于 M_s 点。就是说在 M_s 点以上停留或缓慢冷却也有可能产生热稳定化现象。

从奥氏体热稳定化的基本特征不难发现，奥氏体的稳定化是个与激活-扩散有关的物理现象。实验发现，C 和 N 对热稳定化的影响极为显著。例如，Fe-Ni 合金中，只有当 C 和 N 总量超过 0.01% 时，才发生热稳定化现象。钢中常见的碳化物形成元素 Cr、Mo、V 等有促进热稳定化的作用，非碳化物形成元素 Ni、Si 的影响不大。据此，人们认为，发生热稳定化的原因可能与适当温度下 C 和 N 原子向晶格点阵缺陷处偏聚有关。C 和 N 原子的偏聚强化了奥氏体，使马氏体相变的切变阻力增大。所以滞后温度的物理意义是，获得额

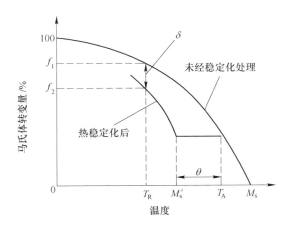

图 7-23　M_s 点以下等温停留奥氏体热稳定化示意图

外化学驱动力以克服因 C 和 N 原子钉扎力而增加切变阻力所需的过冷度。

上述观点被实验结果所证实：

（1）Fe-Ni 合金中测得奥氏体稳定化时屈服强度升高了 13%；

（2）将已经热稳定化的奥氏体加热至一定温度以上，C 和 N 原子偏聚程度减缓，热稳定化作用下降甚至消失，这种现象称为反稳定化；

（3）经反稳定化处理后，淬火冷却不当，还会再次出现热稳定化现象。

除化学成分外，影响热稳定化的主要因素还有已形成的马氏体量、等温温度和等温时间。奥氏体热稳定化程度随已转变马氏体量的增多而增大，这是由已转变的马氏体对周围奥氏体的机械作用引起的。所以，研究奥氏体热稳定性影响因素时，应固定马氏体的转变量。图 7-24 为先生成 57% 马氏体，再升至不同温度等温，停留不同时间后冷却，测得等温停留时间对滞后温度的影响。可见，稳定化程度与时间的关系存在极大值，且等温温度越高，热稳定化速度越快，达到热稳定时的 θ 值越小。钢的成分发生变化，等温温度和停留时间对奥氏体热稳定化的影响规律会发生变化。如 Fe-0.96C-2.97Mn-0.48Cr-0.21Ni 钢在一定等温温度下，停留时间越长，则奥氏体热稳定化程度就越高；等温温度越高，达到最大热稳定化程度所需时间就越短（见图 7-25）。

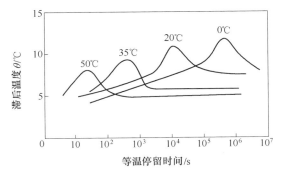

图 7-24　等温温度和停留时间对 Fe-31Ni-0.01C 合金奥氏体热稳定化
程度的影响（已转变马氏体量为 57%）

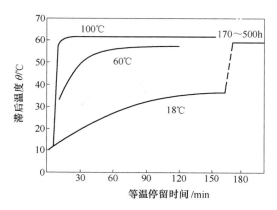

图 7-25 等温温度和停留时间对 Fe-0.96C-2.97Mn-0.48Cr-0.21Ni
合金奥氏体热稳定化程度的影响

7.4.6.2 奥氏体的机械稳定化

在 M_d 点以上对奥氏体进行塑性变形，当超过一定变形量后，使随后的马氏体转变困难，这种现象称为奥氏体的机械稳定化。低于 M_d 点对奥氏体进行塑性变形，可以诱发马氏体相变，但也使未转变的过冷奥氏体产生机械稳定化。此外，马氏体相变对周边过冷奥氏体产生塑性变形也会引起过冷奥氏体的机械稳定化。所以，只要等温停留温度低于 M_s 点，奥氏体的热稳定化和机械稳定化必然同时存在。

奥氏体的机械稳定化与变形诱发马氏体相变并不矛盾，关键在于变形量。当变形量小时，弹性应力集中的部位增多，这种缺陷组态有利于马氏体的形核；随着变形量的增加，奥氏体中将形成大量的高密度位错，破坏了新相与母相之间的共格关系，母相被强化，切变阻力增加，从而增大了奥氏体的稳定性。

从微观机理上看，奥氏体的热稳定化和机械稳定化没有本质区别，都是因马氏体相变时切变阻力增加的缘故。

7.5 马氏体相变晶体学

马氏体相变的无扩散性、表面浮凸以及在低温下仍有高的转变速度等事实说明，相变过程中晶体结构变化是通过切变方式进行的，即由基体原子集体的、有规则的近程迁移完成。马氏体相变的晶体学尚不成熟，目前只能根据马氏体相变的前后状态（晶体结构），推断中间可能的过程。以下介绍两种主要的切变模型。

7.5.1 K-S 切变模型

K-S 切变过程如图 7-26 所示。图 7-26（a）为 γ 面心立方点阵晶格，最密排面 $(111)_\gamma$ 是按 ABCABC…堆垛次序排列。根据晶体结构的钢球堆垛模型，上层的某个钢球必须落在下层的三个相邻钢球低谷处。这样若以 A 层为参考底层，B 层相对于 A 层旋转了 60°；C 层相对于 B 层又旋转了 60°；重新回到 A 层，该 A 层相对于 C 层又旋转了 60°，共旋转了 180°，一个堆垛周期结束。如果以 $(111)_\gamma$ 面为底面，则最密排面的堆垛次序如图

7-26（b）所示，对应的平面投影图为图 7-26I。按以下几个步骤实现面心向体心结构的转变：

（1）（111）$_\gamma$ 上沿 $[\bar{2}11]_\gamma$ 方向产生 19°28′ 角度的切变，结果是 B 层的原子沿 $[\bar{2}11]_\gamma$ 方向移动 1/12 原子间距（0.057nm），C 层原子移动 1/6 原子间距（0.114nm），即相邻原子层移动距离均为 1/12 原子间距。切变后各层原子排列的投影如图 7-26 II 所示。

（2）沿 $[1\bar{1}0]_\gamma$ 方向产生 10°32′ 角度的第二次切变（见图 7-26 III），顶角由 60° 变成 70°32′，得到体心立方点阵。有碳原子存在时，切变角度略小些，得到的就是体心正方。

（3）最后作微小的调整。K-S 切变模型给出了奥氏体重构成马氏体时点阵结构和位向关系变化的清晰过程，但按 K-S 切变模型产生的表面浮凸与实测结果不符，也不能解释惯习面为（225）$_\gamma$ 和（259）$_\gamma$ 时马氏体的切变过程。

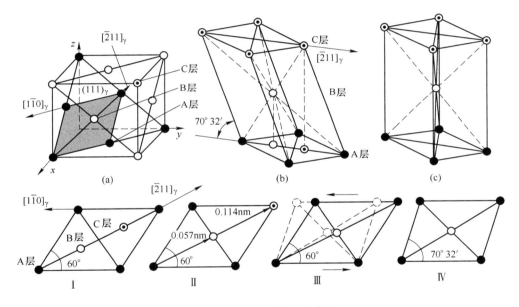

图 7-26　K-S 切变模型示意图

7.5.2　G-T 切变模型

G-T 切变模型的切变过程也分 3 步：

（1）在（259）$_\gamma$ 面上产生宏观均匀切变，样品表面出现浮凸。切变后的晶格有一组晶面与马氏体的（112）$_\alpha$ 相同。

（2）在（112）$_\gamma$ 面上的 $[111]_\gamma$ 方向产生 12°~13° 的宏观不均匀切变，点阵变成体心正方。

（3）作微小调整。

均匀切变使变形部分由正方变成斜方，晶体外形发生改变。非均匀切变可以由平行晶面上的滑移或往复的孪生变形来实现，两种变形方式均不产生晶体的宏观变形，如图 7-27 所示。

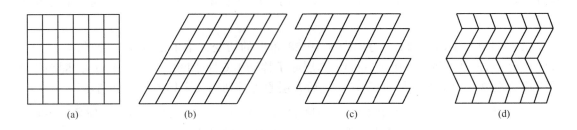

图 7-27　G-T 切变模型示意图

（a）切变前；（b）均匀切变；（c）不均匀切变（滑移）；（d）不均匀切变（孪生）

　　G-T 切变模型能很好地解释马氏体相变的点阵改组、宏观变形、惯习面、位向关系和晶内亚结构，但仍然不能解释惯习面是不变平面以及低、中碳钢的位向关系等问题。

7.6　马氏体的力学性能

　　单纯探究淬火马氏体钢的性能似乎没有任何意义，因为实际生产中很难得到新鲜马氏体，这一点与纳米粒子类似。马氏体一旦形成，或多或少会自发地发生变化。尽管如此，马氏体的性能对其变化产物（回火马氏体，回火托氏体，回火索氏体）的性能有重要影响。

7.6.1　马氏体的物理性能

　　马氏体的电阻较奥氏体和珠光体的高，具有铁磁性和高的矫顽力，磁饱和强度随碳及合金元素含量的增加而下降。在钢的各种组织中，马氏体与奥氏体的比容差最大，这是导致零件淬火变形和开裂的原因。

7.6.2　马氏体的强度与硬度

　　马氏体最显著的性能特点是高硬度和高强度。

　　马氏体的强度主要取决于碳的质量分数。马氏体的硬度与碳的质量分数的关系如图 7-28 中曲线 3 所示。碳的质量分数小于 0.6% 时，硬度随含碳量的增加而明显增加，之后，硬度增加缓慢。当碳的质量分数超过 0.6% 时，残余奥氏体量 γ_A 对硬度的影响不容忽视。如果完全奥氏体化，大量碳化物溶入奥氏体使 M_s 下降，淬火时残余奥氏体量增多，则钢的硬度下降，见图 7-28 中曲线 1。如果采用不完全奥氏体化，残余奥氏体量相对较少，对淬火钢的硬度影响减小（见图 7-28 中曲线 2）。其他金属类合金元素对马氏体硬度的影响不大。马氏体高强高硬的原因如下：

　　（1）相变强化。切变造成马氏体晶体内产生大量的微观晶体缺陷（位错、孪晶及层错等等），使马氏体强化，称为相变强化。实验表明，位错与孪晶等亚结构对强度和硬度的贡献大小是不一样的。图 7-29 是碳的质量分数与 Fe-C 合金马氏体硬度的关系。可以看出，当碳的质量分数低于 0.3%，即马氏体中亚结构基本上是位错时，硬度与碳的质量分数呈线性关系；碳的质量分数大于 0.3% 以后，硬度的增加开始偏离直线，说明孪晶对硬度有一个附加贡献；当碳的质量分数超过 0.6% 后，由于残余奥氏体量增多，硬度增加减缓或不再增加。

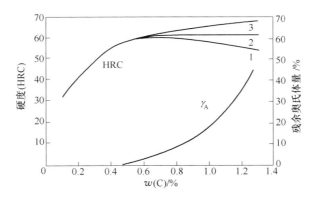

图 7-28 淬火后钢的硬度和残余奥氏体量与含碳量的关系
1—高于 $A_{c3}(A_{ccm})$ 淬火；2—介于 $A_{c3}(A_{ccm})$ 和 A_{c1} 之间淬火；3—高于 A_{c3} 及 A_{ccm} 淬火后冷处理

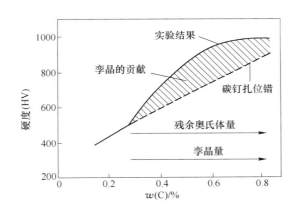

图 7-29 亚结构对马氏体硬度的影响

（2）固溶强化。间隙原子使晶格产生严重的点阵畸变，从而提高了材料的强度和硬度，置换类合金元素的固溶强化效果不显著。由于马氏体中碳的过饱和度很大，淬火后碳原子很容易从马氏体中析出，引起时效强化。为了研究纯粹的固溶强化效果，Winchell 专门设计了一种 M_s 点很低的 Fe-Ni-C 型合金，以保证马氏体相变后没有因碳原子析出而产生的时效强化。图 7-30 所示为 Fe-Ni-C 合金的屈服强度与碳的质量分数的关系，曲线 1 是淬火后立即在 0℃测量的屈服强度，曲线 2 是淬火后在 0℃停留 3h 后测量的屈服强度。由曲线 1 可知，随碳的质量分数的增加，固溶强化的效果十分显著，碳的质量分数达 0.4% 以后，屈服强度不再增加，说明碳原子的固溶强化效果达到极限。

（3）时效强化。淬火后停留一段时间，屈服强度的进一步提高归因于时效强化，如图7-30 中曲线 2 所示。时效强化是由碳原子扩散偏聚钉扎位错引起的，碳的质量分数越高，马氏体基体过饱和度越大，碳越容易发生偏聚。所以碳的质量分数大于 0.4% 后，时效强化效果越显著。事实上，淬火后的马氏体在室温下停留几分钟甚至几秒钟就发生碳原子偏聚和析出而产生时效强化,在-60℃以上时效就能进行,这种淬火马氏体在-60℃以上至室温下放置出现性能变化的现象称为马氏体的自回火(类似于自然时效)。对于 M_s 点高于室温的钢,必然伴随着马氏体的自回火而引起时效强化。

(4)晶界强化。原始奥氏体晶粒越细小,马氏体板条群越细小,则马氏体强度越高。但对于中碳低合金钢,奥氏体晶粒度细化至 10 级时,马氏体强度增加不超过 250MPa。因此,对硬度已经很高的钢,通过细化奥氏体晶粒来提高马氏体强度的效果不是十分显著,除非奥氏体晶粒得到进一步细化。

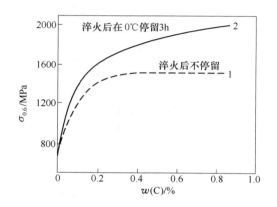

图 7-30 Fe-Ni-C 合金在 0℃的屈服极限 $\sigma_{0.6}$ 与含碳量的关系

不难发现,至今为止所有金属材料的 5 种强化机制,在马氏体相变中都得到体现:形变强化,固溶强化,时效强化,相变硬化和细晶强化。

7.6.3 马氏体的韧性

马氏体的韧性主要取决于其亚结构。在屈服强度相同的条件下,位错型马氏体的断裂韧性和冲击韧性比孪晶型马氏体的高得多,经回火后仍然具有这种规律。主要的原因是:

(1)板条马氏体的变形方式主要是滑移,而片状马氏体的主要变形方式是孪生;

(2)板条马氏体的条界和领域界有阻止裂纹扩展的作用,而孪晶界易于造成位错塞积,产生应力集中而出现微裂纹;

(3)片状马氏体高速长大时的相互碰撞,片尖可能产生微裂纹;

(4)在位错处碳的偏聚或碳化物的析出是均匀细小的,而孪晶界上的偏聚或析出物具有取向性;

(5)板条间少量的残余奥氏体对板条马氏体的韧性有贡献。

7.7 马氏体钢[*]

使用状态下具有马氏体显微组织的钢称为马氏体钢。按成分与热处理工艺、性能、用途等不同,有马氏体不锈钢、马氏体沉淀硬化不锈钢、马氏体耐热钢和马氏体时效钢等。

7.7.1 马氏体不锈钢

主要是 Cr13 型，常用的马氏体不锈钢有 1Cr13、2Cr13、3Cr13、4Cr13、9Cr18、1Cr17Ni2 等。其成分特点是高铬和高碳，随碳的质量分数的增加，强度硬度提高，但耐蚀性下降。为了进一步提高力学性能和耐蚀性，可加入一定量的 Mo、V、Co、Si、Cu 等合金元素。淬火温度一般在 950~1050℃ 之间，高淬火温度使碳化铬不断溶解，马氏体相变后强度硬度增加，也因获得单相组织而提高耐蚀性。淬火后应立即回火，以避免形成裂纹。有两种回火工艺规范：要求较高强度硬度、耐磨性和耐蚀性时，采用 200~300℃ 低温回火，如 4Cr13 钢；要求组织稳定和持久强度时，采用 600~750℃ 高温回火，如 1Cr13、2Cr13、3Cr13 钢。

7.7.2 马氏体耐热钢

最早应用的是 13Cr 型不锈钢，为了提高耐热性，加入 Mo、W 和碳化物形成元素 Nb、Ti、V 等。热处理特点是必须高温回火，以保证使用温度下组织和性能的稳定性。

因硅在高温下也能形成致密氧化膜，因此加硅可大大提高钢的抗氧化性能。但硅含量超过 3% 时，易出现回火脆性，因此要加入少量的钼。常用的铬硅马氏体耐热钢有 4Cr9Si2、4Cr10Si2Mo 等。

7.7.3 马氏体沉淀硬化不锈钢

沉淀硬化不锈钢（precipitation-hardening stainless steel，简称 PH stainless steel）有奥氏体-马氏体和马氏体沉淀硬化不锈钢，都是马氏体经时效处理产生沉淀硬化。马氏体沉淀硬化不锈钢主要是利用碳化物和金属间化合物来强化，是以 Cr13 型马氏体不锈钢为基础，加入 W、Mo、Ti、Nb、Ni 等合金元素发展起来的。在 400~650℃ 时效时，析出一系列 W、Mo、Ti、Nb 等合金元素的金属间化合物。

7.7.4 马氏体时效钢

马氏体时效钢是超低碳钢，根据第 6 章所述的脱溶沉淀原理，固溶强化不是主要强化手段，金属间化合物的弥散析出才是最重要的强化方式。其基本成分为碳的质量分数低于 0.03%，镍的质量分数在 18%~25% 之间，并添加 Ti、Nb、Mo、Al 等产生时效硬化的合金元素。低碳的目的是避免形成 TiC、Mo_2C、NbC 等，一方面保证时效强化合金元素的有效含量，另一方面避免碳化物沿晶界析出，造成韧性和缺口强度降低。

7.7.5 相变诱发马氏体钢

金属及合金在相变过程中塑性增加，往往在低于母相屈服强度时即可发生塑性变形，这种现象称为相变诱发塑性（transformation induced plasticity，简称 TRIP）。马氏体相变同样可以诱发塑性，如图 7-31 所示，Fe-0.3C-4Ni-1.3Cr 钢的 M_s 点为 307℃，奥氏体屈服强度为 137MPa。850℃ 奥氏体化后在 307℃ 施加应力，马氏体相变诱发塑性，所以在应力低于钢的屈服强度就产生了塑性变形，且塑性变形量随应力加大而增加。在 322℃ 施加应力，虽然高于 M_s 点，但因应力诱发马氏体相变，所以呈现出高塑性。

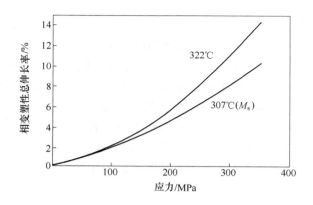

图 7-31   Fe-0.3C-4Ni-1.3Cr 钢在不同温度下应力与总伸长率的关系

马氏体相变诱发塑性还显著提高了钢的韧性。例如，Fe-9Cr-8Ni-2Mn-0.6C 钢经 1200℃奥氏体化后水冷，之后在 460℃挤压变形 75%，此时样品仍处于奥氏体状态。最后在−196~200℃温度范围内测量断裂韧性，结果如图 7-32 所示。可以看出，正温区奥氏体的断裂韧性随温度下降而降低；负温区的断裂韧性不仅没有因马氏体相变而降低，反而比正温区的外推值高出 ΔK_{IC}。

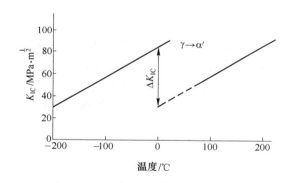

图 7-32   Fe-9Cr-8Ni-2Mn-0.6C 钢在不同温度下的断裂韧性

马氏体相变诱发塑性的原因可能是：（1）马氏体形核能松弛塑性变形造成的局部应力集中，防止裂纹形成或抑制微裂纹的扩展；（2）在发生塑性变形的区域有形变马氏体形成，随形变马氏体量的增多，形变强化指数不断提高，使已发生塑性变形的区域难以继续变形，因此能抑制颈缩的产生。

相变诱发马氏体钢具有很高的强度和塑性，这种钢符合 $M_d>20℃>M_s$，即钢的马氏体相变开始点低于室温，而形变马氏体相变开始点高于室温。这样，室温变形时会诱发马氏体形成，而马氏体相变又诱发塑性。

7.7.6   形状记忆合金

1932 年，瑞典人奥兰德在金镉合金中首次观察到合金的"记忆"效应，人们把具有这种特殊功能的合金称为形状记忆合金，被誉为"神奇的功能材料"。

形状记忆合金的马氏体相变属于热弹性马氏体相变，但具有热弹性马氏体相变的材料并不都具有形状记忆效应。形状记忆效应（shape memory effect）是指将材料在温度低于 M_d 变形后，加热到 A_f 以上逆转变为高温相时，变形消失，形状恢复到变形前的状态。

形状记忆效应包括单程、双程和全程记忆效应。一定形状的合金棒由母相转变成马氏体后，在 T_1 温度下变形，在加热至 A_r 以上某温度 T_2 的过程中，发生逆相变的同时，合金棒恢复到变形前的形状，如图 7-33（a）所示。如果合金不仅能记住母相的形状，而且还能记住马氏体经过变形后的形状，这就是双程记忆合金，如图 7-33（b）所示。不过，双程形状记忆合金的记忆效应往往是不完全的，且连续循环时，"记忆力"会越来越差。

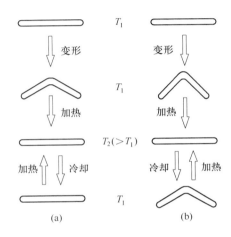

图 7-33　形状记忆效应示意图
（a）单程形状记忆效应；（b）双程形状记忆效应

形状记忆效应的合金应具备以下特征：
（1）合金能发生热弹性马氏体相变；
（2）母相与马氏体的晶体结构通常是有序的；
（3）母相的晶体结构具有较高的对称性，而马氏体的晶体结构具有较低的对称性。

至今为止发现的记忆合金体系有 Au-Cd、Ag-Cd、Cu-Zn、Cu-Zn-Al、Cu-Zn-Sn、Cu-Zn-Si、Cu-Sn、Cu-Zn-Ga、In-Ti、Au-Cu-Zn、NiAl、Fe-Pt、Ti-Ni、Ti-Ni-Pd、Ti-Nb、U-Nb 和 Fe-Mn-Si 等。形状记忆合金由于具有许多优异的性能，广泛应用于航空航天、机械电子、生物医疗、桥梁建筑、汽车工业及日常生活等多个领域。

——— **本章小结** ———

（1）马氏体转变是典型的非扩散型相变，非扩散型相变的主要特点表现在：非扩散、切变共格和表面浮凸、位相关系和惯习面、转变的不彻底性和可逆性。最本质的特点是切变共格和非扩散性。

（2）马氏体最主要的两种组织形态是板条马氏体和片状马氏体，其亚结构分别是位错和孪晶。影响马氏体形态和亚结构的因素有：化学成分、马氏体形成温度、奥氏体层错能、奥氏体与马氏体的强度、滑移和孪生变形的临界分切应力大小，其中最主要的影响因素是含碳量和形成温度。一般来说，凡是降低马氏体转变温度的因素都会导致板条马氏体量减少，片状马氏体量增多。

（3）M_s点在实际生产中有重要意义，影响M_s点的主要因素有化学成分、奥氏体化条件、淬火冷却速度、外加应力和磁场等。提高奥氏体稳定性及强化奥氏体的因素均降低M_s点。

（4）马氏体相变仍然是一个形核和核长大的过程。一类是瞬间完成形核与长大，继续降温时，马氏体量的增加是依赖新核心的形成与长大。另一类是形核与长大到一定程度，继续降温时，马氏体量的增加来自原有马氏体的继续长大及新核心的形成与长大。

（5）马氏体相变包含唯物辩证法的基本规律。形变即可能诱发马氏体相变，也能抑制马氏体相变；反之，马氏体相变又可能诱发塑性。

（6）马氏体最显著的性能特点是高硬度和高强度，高硬高强来自相变强化、固溶强化、时效强化、加工硬化和晶界强化等。马氏体的强度主要取决于碳的质量分数，韧性主要取决于亚结构。

复习思考题

7-1　M_s点的物理意义是什么？影响M_s点的主要因素有哪些？

7-2　马氏体相变的主要特点是什么？

7-3　马氏体与奥氏体之间存在哪些位向关系？

7-4　绘图板条马氏体和片状马氏体的显微组织特征，指出它们在力学性能上的差异。

7-5　影响马氏体形态的因素有哪些？

7-6　试述马氏体相变的动力学特点。

7-7　何谓奥氏体稳定化？奥氏体稳定化的原因及影响因素是什么？

7-8　应力可以诱发马氏体相变，也可以使奥氏体稳定，这种影响是否矛盾，为什么？

7-9　马氏体高强高硬的原因是什么？决定马氏体强度和韧性的因素是什么？

7-10　什么叫残余奥氏体？对性能有何影响？

8 半扩散型相变——贝氏体相变

+‑+

目的与要求：掌握贝氏体相变的基本特征、贝氏体的组织形态及其控制因素。了解贝氏体钢的性能特点及应用；了解贝氏体相变热力学、动力学及相变机制。

+‑+

过冷奥氏体冷却到珠光体和马氏体相变温度之间的中温区域时，将发生中温转变。在中温转变的研究中，美国物理冶金学家 E. C. Bain 功绩突出，这种中温转变称为贝氏体相变（bainite transformation），转变产物命名为贝氏体（bainite）。以后的研究发现，不仅钢中存在贝氏体相变，许多非铁基合金（如 Cu‑Zn、Cu‑Al、Cu‑Be、Cu‑Sn、Ag‑Cd、Ag‑Zn、Au‑Cd 等），甚至在陶瓷材料中也存在贝氏体相变。

贝氏体相变（获得下贝氏体组织时）能使钢的综合力学性能"一步到位"，可取代调质处理（淬火+高温回火），节约能源，降低成本；等温淬火（获得下贝氏体组织）还可以减少工件的变形和开裂。因此，贝氏体钢在实际生产中具有广阔的应用前景。

8.1 贝氏体相变的基本特征

贝氏体相变是介于珠光体相变和马氏体相变之间的一种中温转变，它兼具珠光体相变和马氏体相变的某些特征，即具有扩散和非扩散两重性。

8.1.1 贝氏体相变的温度范围

与马氏体相变类似，贝氏体相变也存在一个上限温度 B_s 和下限温度 B_f。等温温度越靠近 B_s 点，贝氏体的转变量越少。贝氏体转变也具有不完全性，总有残余奥氏体存在。B_f 点可以在 M_s 点以上，也可以在 M_s 点以下。B_f 低于 M_s 点的合金，在 M_s 点以下等温也可以获得贝氏体组织。

8.1.2 贝氏体相变的产物

贝氏体是由铁素体和碳化物两相组成，但贝氏体中的铁素体和碳化物与珠光体中的铁素体和碳化物均存在差异。在珠光体转变区，温度的变化只改变珠光体的层间距。在贝氏体转变区，相变温度对贝氏体的形态影响很大。总体来说，贝氏体不是层片状组织，贝氏体中的铁素体更加类似于马氏体基体组织。在较高温度下形成的贝氏体中，碳化物是渗碳体，也分布在铁素体条之间，但非层片状；较低贝氏体形成温度下，碳化物既可能是渗碳体，也可能是ε碳化物，主要分布在铁素体条的内部。对于碳的质量分数较低的碳钢，贝氏体形成温度较高时，可能得到无碳化物贝氏体。

8.1.3　贝氏体相变动力学

贝氏体相变也是一个形核和核长大的过程。与珠光体转变一样，贝氏体相变也有等温转变和连续冷却转变，贝氏体等温转变动力学曲线也呈 S 形，等温转变动力学图也呈 C 形。

8.1.4　贝氏体相变的半扩散性

贝氏体相变也是由一相（γ）转变为两相（α+碳化物）的过程，γ 与 α 的碳浓度不同，所以相变过程中必然存在碳原子的重新分配，即有碳原子的扩散。但铁原子及其他金属类合金元素不发生扩散，至少不发生长程扩散。因此，贝氏体相变具有扩散和非扩散两重性。扩散是需要时间的，所以，碳原子的扩散对贝氏体相变速度起控制作用。

8.1.5　贝氏体相变的晶体学特征

贝氏体相变时，基体铁原子不发生扩散，点阵重构是以切变的方式来完成的，而切变时，新相和母相之间必然存在晶体学位向关系。从这个意义上讲，贝氏体相变与马氏体相变极为相似。

8.2　贝氏体的组织形态

贝氏体的组织形态与钢的成分和相变温度密切相关。早在 1939 年，Mehl 就将贝氏体分为上贝氏体（$B_上$）和下贝氏体（$B_下$）两类，之后的研究发现还有很多其他组织形态，诸如粒状贝氏体、无碳化物贝氏体、准贝氏体、柱状贝氏体等。本质上讲，贝氏体也是铁素体和碳化物的有机组合体。贝氏体组织形态的差异不仅来自于贝氏体中的铁素体，而且与贝氏体中有无碳化物或碳化物的形态、分布及其析出位置有关。

8.2.1　上贝氏体

上贝氏体 $B_上$ 是在贝氏体转变温度范围内的较高温度区域形成的，中、高碳钢的 $B_上$ 形成温度大约在 350~550℃ 之间。其典型的形态是以大致平行、碳的质量分数接近平衡或稍微过饱和的板条铁素体为主体，板条间分布不连续的短棒状或短片状渗碳体。

光学显微镜下，典型的 $B_上$ 组织呈羽毛状、条状或针状（见图 8-1（a））。电镜下，$B_上$ 的羽毛是由大致平行的铁素体板条和板条间断续分布的渗碳体组成，如图 8-1（b）所示，图 8-1（c）所示为 $B_上$ 的组织示意图。

条状铁素体束与板条马氏体束很相似，束内相邻铁素体板条之间的位向差较小，束与束之间则有较大的位向差。铁素体板条多在奥氏体晶界形核，自晶界的一侧或两侧向晶内生长。铁素体条是由若干铁素体亚单元（subunit）构成，如图 8-1（d）所示。铁素体板条的横向和纵向生长是依靠亚单元的形核和长大来完成的。$B_上$ 铁素体条内的亚结构是高密度的位错。

$B_上$ 中的铁素体是以切变共格方式形成的，所以与马氏体相变一样，抛光的试样表面也出现表面浮凸，但贝氏体铁素体的浮凸呈 V 形。$B_上$ 中铁素体的惯习面为 $(111)_γ$，与奥

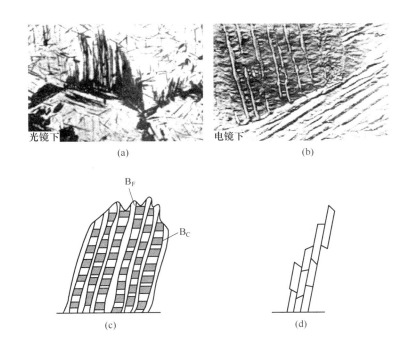

图 8-1　上贝氏体

（a）光学显微镜下 $B_\perp$ 组织；（b）电镜下的 $B_\perp$ 组织；（c）$B_\perp$ 组织示意图；（d）$B_\perp$ 中的亚基元

氏体之间保持 K-S 关系；渗碳体的惯习面为 $(227)_\gamma$，与奥氏体之间存在 Pitsch 关系：

$$(001)_\theta//(\overline{2}25)_\gamma,\ [010]_\theta//[110]_\gamma,\ [100]_\theta//[\overline{5}54]_\gamma$$

由此推断，渗碳体是从过冷奥氏体中直接析出的。

随钢中（奥氏体中）碳的质量分数增加，$B_\perp$ 中铁素体条增多变薄；渗碳体的数量也增多，形态由粒状变为链珠状、短棒状，直至断续条状。碳的质量分数较高时，渗碳体可能还分布于铁素体条内。随相变温度的下降，$B_\perp$ 的铁素体条变细，板条内位错密度增加，渗碳体颗粒变小，弥散度增加。

$B_\perp$ 中的渗碳体是从过冷奥氏体中析出，对于含有延缓渗碳体析出的合金元素 Si 或 Al 的钢，铁素体板条之间的过冷奥氏体可能很少或不能析出渗碳体，最终形成铁素体板条之间夹有残余奥氏体的上贝氏体组织。也有人把铁素体条之间有一层富碳奥氏体薄膜的贝氏体称为准上贝氏体（upper meta-bainite），与无碳化物贝氏体相似。

8.2.2　下贝氏体

下贝氏体 $B_{\text{下}}$ 在贝氏体转变温度范围内的较低温度区域形成，碳钢的 $B_{\text{下}}$ 形成温度大致在 $350℃\sim M_s$ 之间，碳的质量分数很低时，形成温度可能高于 $350℃$。

光学显微镜下，典型的下贝氏体组织呈黑色针状或片状，各片之间有一定的交角（见图 8-2（a））。$B_{\text{下}}$ 除了在奥氏体晶界上形核外，还可在奥氏体晶粒内部形核。

电镜下观察发现，$B_{\text{下}}$ 铁素体片内分布着排列成行的细片或粒状碳化物，一般与铁素体片的长轴成 $55°\sim60°$ 的角，如图 8-2（b）所示。组织示意如图 8-2（c）所示。

由此可见，和 $B_上$ 一样，$B_下$ 也是由铁素体和碳化物两相组成，但铁素体的形态和碳化物的分布有明显差异。$B_下$ 中铁素体的形态与片状马氏体很相似，而碳化物规则分布在铁素体内部。低温等温的初期先形成 ε 碳化物，长时间等温则转变成渗碳体。

$B_下$ 形成时，光滑试样表面也会产生呈 Λ 形的表面浮凸。$B_下$ 铁素体与奥氏体之间保持 K-S 关系，存在惯习面。$B_下$ 铁素体中的亚结构主要是位错，位错密度高于 $B_上$，亚结构中也可能包含精细的孪晶。$B_下$ 铁素体条也是由亚单元所组成，亚单元沿一个平直边形核，并向另一边发展，如图 8-2（d）所示。

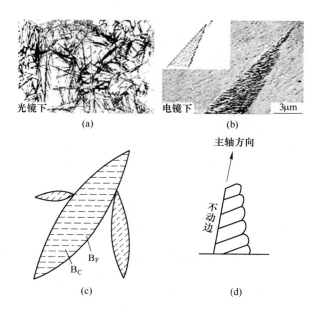

图 8-2　下贝氏体
（a）光学显微镜下 $B_下$ 组织；（b）电镜下的 $B_下$ 组织；
（c）$B_下$ 组织示意图；（d）$B_下$ 中的亚基元

光学显微镜下较难分辨下贝氏体和回火马氏体，因为它们都是由过饱和铁素体及其内部的细小碳化物构成。但高倍电子显微镜下可清晰看到，下贝氏体中碳化物只有一种取向，且平行排列，而回火马氏体中的碳化物则有两个以上的取向。

对于含 Si 或 Al 的钢，由于 Si、Al 合金元素有延缓渗碳体析出的作用，铁素体条内按一定角度排列的可能是残余奥氏体而不是碳化物，这种组织被称为准下贝氏体（lower meta-bainite）。延长等温时间，残余奥氏体分解为碳化物，成为下贝氏体。

8.2.3　无碳化物贝氏体

无碳化物贝氏体是低碳低合金钢在贝氏体相变区高温范围内形成的，是由大致平行的铁素体条组成，条间或条内没有碳化物，所以也称为铁素体贝氏体（ferrite bainite）。但铁素体条之间是富碳的残余奥氏体或其冷却过程中的其他转变产物。

无碳化物贝氏体形成时也会出现表面浮凸，与过冷奥氏体之间也存在位向关系。铁素体条内存在亚晶界和高密度位错。

无碳化物贝氏体与魏氏组织铁素体很相似，只是尺寸更细小一些。事实上，魏氏组织铁素体形成时也能产生表面浮凸现象，也存在惯习面和位向关系。因此，很多人认为魏氏组织铁素体就是无碳化物贝氏体。

8.2.4　粒状贝氏体

低、中碳合金钢奥氏体化后，以一定速度连续冷却或在上贝氏体相变区高温范围等温，可形成粒状贝氏体，"粒状"并非缘由贝氏体中铁素体形貌，而是根据铁素体内的粒状物命名。粒状贝氏体中铁素体呈不规则块状，块状铁素体内分布着不连续平行排列的粒状（岛状）物，如图 8-3 所示。粒状贝氏体刚刚形成时岛状物是富碳的过冷奥氏体，在随后的冷却过程中，富碳过冷奥氏体可能部分或全部分解成铁素体和碳化物的混合物，或部分转变为高碳马氏体，或全部保留下来成为残余奥氏体。在岛状过冷奥氏体未分解前，粒状贝氏体实际上是无碳化物贝氏体，除了铁素体形态有别以外，粒状贝氏体与无碳化物贝氏体有相似之处。因此，无碳化物贝氏体是粒状贝氏体的一种特殊组织形态。

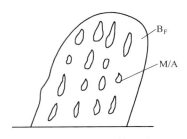

图 8-3　粒状贝氏体示意图

8.2.5　其他类型的贝氏体

反常贝氏体：过共析钢冷却时，要先析出领先相渗碳体，所以显微组织中可见较大针状物和较小的杆状物，它们分别是魏氏组织碳化物和贝氏体碳化物，这种贝氏体称为反常贝氏体或反向贝氏体。

柱状贝氏体：柱状贝氏体一般在高碳或高碳中合金钢中形成，单从碳化物的分布状况来看，柱状贝氏体类似于下贝氏体。但柱状贝氏体中的铁素体呈放射状，且不产生表面浮凸。

综上所述，贝氏体形态的繁多说明了贝氏体相变的复杂性。实质上，贝氏体种类只有传统的上贝氏体和下贝氏体两种，其他形态各异的贝氏体都是它们的变态。

8.3　贝氏体相变机理

8.3.1　贝氏体相变机理争论的焦点

国际上关于贝氏体相变的机理有两大学派：切变学派和扩散学派。切变学派的典型代表是中国学者柯俊及其合作者柯垂尔，理由是贝氏体相变产生表面浮凸。他们认为，基体原子和置换型原子是不扩散的，间隙原子发生扩散，这种观点在 20 世纪 50～60 年代为许多学者所接受并发展。扩散学派的代表人物是美国著名物理冶金学家阿洛森及其合作者，他们从热力学的观点出发，认为贝氏体相变驱动力不能满足切变所需能量水平，贝氏体相变是共析转变的变种，贝氏体是非层片状共析体。贝氏体相变机制的争论一直没有停息，各学派都能用新的实验证据充实自己，反驳对方，至今还没有完全统一的认识和结论。

贝氏体相变是介于马氏体和珠光体转变之间的相变，无论其组织结构还是相变机理都有其复杂性，因此，各学派提出的理论欠全面是不可避免的。20世纪80年代以来，人们从辩论中得到许多启示，并提出一些新的模型和新观点，如过渡机制模型、混合机制模型等。1990年阿洛森提出，切变长大和扩散长大主要是通过台阶机制来实现的，这一观点缩小了两派之间的分歧。可以期望，在不久的将来会出现相对完善并能为各学派所接受的贝氏体相变机制。

8.3.2 经典的贝氏体相变假说

8.3.2.1 恩金贝氏体相变假说

恩金贝氏体相变假说是基于以下实验事实：

（1）下贝氏体铁素体中碳的质量分数远高于下贝氏体形成温度下铁素体的饱和碳浓度；

（2）随贝氏体转变量的增加，剩余过冷奥氏体的碳浓度升高；

（3）电解分离贝氏体碳化物，测得化合物中金属合金元素含量与钢的原始含量相同。

由此得出相应的3条结论：贝氏体中的铁素体实质上是马氏体；贝氏体相变过程中，碳原子不断由 α 相通过 α/γ 界面向 γ 相中扩散；贝氏体相变过程中，铁及金属合金元素的原子不发生扩散。

因此，恩金提出贫富碳理论假说。该假说认为，贝氏体相变发生之前奥氏体中已经发生了碳的重新分配，形成了贫碳区和富碳区。马氏体相变开始点 M_s 与过冷奥氏体中碳的质量分数有关，随碳的质量分数的降低而升高。这样，即便是在贝氏体转变温度范围内，贫碳区将首先发生马氏体相变而形成低碳马氏体，然后马氏体迅速回火形成过饱和铁素体和渗碳体，即贝氏体。在富碳区首先析出渗碳体，过冷奥氏体中碳的质量分数下降成为贫碳区，新的贫碳区又形成马氏体并迅速回火。

奥氏体中存在贫富碳区的观点是很容易被接受的，体系中的成分、结构和能量均匀是相对的，存在成分起伏、结构起伏和能量起伏是绝对的。奥氏体内的缺陷与碳原子交互作用，就能促进贫碳区和富碳区的形成。所以，宏观上在钢的 M_s 点以上等温，微观上贫碳区已经发生了马氏体相变。

恩金贝氏体相变假说能够很好的解释贝氏体相变中的许多现象，但恩金假说没有涉及贝氏体形态和组织结构的演变过程。

8.3.2.2 柯俊贝氏体相变假说

柯俊贝氏体相变假说是从热力学的角度出发，分析了在 M_s 点以上按马氏体相变机制进行贝氏体相变的可能性。认为奥氏体若按照由高碳奥氏体转变为低碳马氏体，同时伴随碳脱溶的方式转变为贝氏体时，体系的自由能差 ΔG 是小于零的，即这一过程能够发生。这可以通过图8-4所示的碳的质量分数对自由能-温度曲线的影响予以说明。高碳奥氏体

（γ^H）转变成高碳马氏体（α'^H）的相变开始点为 M_s^H；低碳奥氏体（γ^L）转变为低碳马氏体（α'^L）的相变开始点是 M_s^L。如果相变伴随碳的脱溶，高碳奥氏体转变为低碳马氏体时，在 M_s^H 点处两者之间的自由能差增大到 ΔG_V^{HL}。假设相变所需临界驱动力都相同（$\Delta G_V^H = \Delta G_V^L = \Delta G_V$），则高碳奥氏体转变为低碳马氏体的临界温度上升到 M_s^{HL}（$> M_s^H$），即在 M_s 点以上发生马氏体型相变是可能的。

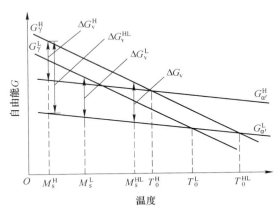

图 8-4　含碳量对自由能-温度曲线的影响

因此，柯俊贝氏体相变假说认为：贝氏体相变时，贝氏体铁素体以切变的方式不断长大，并与奥氏体保持共格关系，之后碳从铁素体中不断脱溶。由于贝氏体相变受碳原子脱溶扩散控制，所以虽然都是共格切变型相变，贝氏体长大速度要比马氏体的长大速度低。碳从 α 相中的脱溶可有两种方式：（1）碳通过相界面从 α 相扩散到 γ 相中（$B_上$）；（2）碳在 α 相内脱溶沉淀形成碳化物（$B_下$）。

柯俊贝氏体相变假说，除了能解释 M_s 点以上可以通过马氏体相变机制形成贝氏体铁素体和贝氏体长大速度远低于马氏体相变外，更重要的是很好地解释了贝氏体的形态与碳的脱溶密切相关，即不同温度下贝氏体的组织形态截然不同。

8.3.2.3　贝氏体相变台阶机制

阿洛森等认为，贝氏体是通过台阶机制长大的，台阶长大机制示意图如图 8-5 所示，与半共格界面台阶迁移机制类似。台阶的水平面为 α-γ 的半共格界面，界面两侧的 α 和 γ 有一定的位向关系，半共格界面上存在刃型位错，刃型位错的柏氏矢量与界面平行。台阶的横向移动使半共格界面纵向推移，台阶的移动则受控于碳在奥氏体中的扩散速度。贝氏体相变中的台阶的确是客观存在的事实，已被实验所证实。

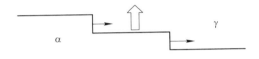

图 8-5　台阶长大机制示意图

台阶机制的主要障碍是贝氏体相变时所观察到的表面浮凸。为此阿洛森认为，贝氏体相变所出现的浮凸不是切变造成的，而是由铁素体与奥氏体比体积不同引起的。

8.3.3　贝氏体形态与碳脱溶的关系

贝氏体相变包括两个基本过程，即贝氏体中铁素体的转变和贝氏体碳化物的析出。碳化物的析出方式决定了贝氏体的形态，而析出方式与碳的质量分数和转变温度有关，转变过程示意图如图8-6所示。

(1) 在贝氏体转变的高温范围，碳的扩散能力强，亚共析钢贝氏体铁素体的过饱和碳通过 α/γ 相界面很快进入奥氏体，并向奥氏体纵深扩散，不至于使碳聚集在界面附近而析出碳化物，最终得到贝氏体铁素体和富碳奥氏体，即无碳化物贝氏体（见图8-6(a)）。如果贝氏体铁素体长大到彼此汇合时，剩下的岛状富碳奥氏体沿铁素体条间断续分布。岛状奥氏体中碳的质量分数高，但不至于析出碳化物，这就形成了粒状贝氏体。

(2) 在350~550℃等温，碳的扩散能力有所下降，自奥氏体晶界形成的相互平行的贝氏体铁素体条也密集而细小。碳在奥氏体中的扩散已变得很困难，而在铁素体内尚有一定的扩散能力。所以，铁素体条之间的奥氏体中碳的质量分数将随铁素体的长大而显著升高，达到一定程度时，将在铁素体条之间析出渗碳体。由于得不到奥氏体中碳原子的补充，铁素体条间的渗碳体是不连续的，形成典型的羽毛状上贝氏体组织（见图8-6(b)）。

(3) 当奥氏体过冷到350℃以下更低温度时，碳在奥氏体中已不能扩散，在铁素体中的扩散能力也有所下降，只能进行短程扩散。所以，初期形成的贝氏体铁素体中碳的质量分数较高，铁素体中的碳难以扩散到相界面，只能在铁素体内部沿一定晶面或亚晶界析出，形成下贝氏体组织（见图8-6(c)）。

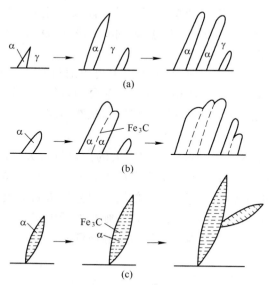

图8-6　不同温度下贝氏体形成过程示意图
(a) 无碳化物贝氏体；(b) 上贝氏体；(c) 下贝氏体

由此可见，碳的扩散及脱溶是控制贝氏体相变及其组织形态的基本因素。上贝氏体转变速度受碳原子在奥氏体中的扩散速度所控制；下贝氏体的转变速度受碳在铁素体中的扩散速度所控制。

8.4 贝氏体相变动力学

8.4.1 贝氏体等温相变动力学

与珠光体转变一样，贝氏体转变的等温动力学曲线（转变体积分数-时间）呈 S 形，因此，贝氏体等温转变动力学图也呈"C"形，如图 8-7（a）所示。存在一个贝氏体相变的上限温度 B_s，在 B_s 以下，随转变温度的降低，等温转变速度先增后减。有些钢（碳钢或含 Si、Ni、Cu、Co 等合金元素的钢），珠光体和贝氏体相变的 C 曲线重叠在一起，如图 8-7（b）所示。这种情况下，在一定温度区域内，可能获得珠光体和贝氏体的混合组织。

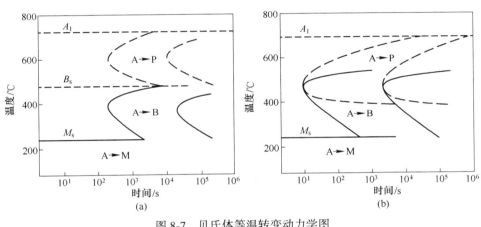

图 8-7 贝氏体等温转变动力学图
（a）Fe-C-Mn 合金 TTT 图；（b）Fe-C 合金 TTT 图

8.4.2 贝氏体相变速度与碳的扩散

贝氏体相变速度受制于碳的扩散能力，因此，相变速度由扩散激活能确定：

$$u = u_0 \exp[-Q/(kT)] \tag{8-1}$$

一定转变量所需时间与转变温度之间存在下列关系：

$$\tau = \tau_0 \exp[-Q/(kT)] \tag{8-2}$$

取对数得：

$$\ln\tau = \ln\tau_0 - \frac{Q}{k} \cdot \frac{1}{T} \tag{8-3}$$

测量几种钢贝氏体转变量为 50% 所需的时间 τ_{50}，τ_{50} 的对数与 $1/T$ 之间存在线性关系，如图 8-8 所示。很明显，大约在 350℃ 处有一个转折。350℃ 正好是上、下贝氏体转变的分界温度。这表明上、下贝氏体相变时，碳的扩散激活能是不同的。根据直线的斜率可以计算出上、下贝氏体相变时的扩散激活能分别为 126kJ/mol 和 75kJ/mol，而碳在奥氏体和铁素体中的扩散激活能分别是 126kJ/mol 和 84kJ/mol。因此，实验进一步证实：上贝氏体和下贝氏体相变速度分别受碳在奥氏体和铁素体中的扩散速度控制。

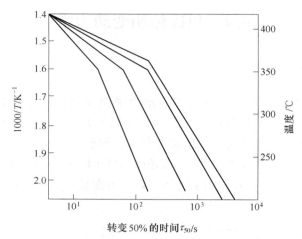

图 8-8 几种不同含碳量钢的 τ_{50} 与 $1/T$ 的关系曲线

8.4.3 影响贝氏体相变动力学的因素

从碳的扩散角度，影响贝氏体相变动力学因素与影响珠光体的因素一样；从切变的角度，影响贝氏体相变动力学因素与影响马氏体的因素一样。

8.4.3.1 化学成分

碳的质量分数：碳的质量分数增加，贝氏体相变时需要扩散的碳数量增加，使 C 曲线右移，鼻温下移，贝氏体相变速度减慢。

合金元素：除 Co 和 Al 外，大部分合金元素使 C 曲线右移，鼻温下移，贝氏体相变速度延缓。其中 Mn、Cr、Ni 的影响最为显著。同时加入多种合金元素时，影响比较复杂。

8.4.3.2 奥氏体晶粒尺寸与奥氏体化工艺

一般来说，奥氏体晶粒越大，贝氏体优先形核部位减少，相变孕育期增长，相变速度减慢。

提高奥氏体化温度或延长保温时间，碳化物充分溶解，奥氏体成分更加均匀，甚至可能导致奥氏体晶粒长大，这些因素均使贝氏体相变速度减慢。

8.4.3.3 应力与塑性变形

拉应力加速贝氏体相变，当应力超过屈服强度时，提高贝氏体相变速度尤为明显。

过冷奥氏体的塑性变形可能对贝氏体相变速度产生两种相反的影响：当塑性变形增加奥氏体晶体缺陷时，有利于碳的扩散，加速贝氏体相变；当塑性变形破坏奥氏体晶粒取向的连续性，对贝氏体铁素体切变不利时，将减缓贝氏体相变。在中温区（300~600℃）对奥氏体进行塑性变形，加工硬化效果明显，晶内缺陷密度增加，碳扩散速度加快，故贝氏体相变速度加快。实验表明，中温塑性变形不仅促进碳化物析出，而且可以细化贝氏体铁素体。而高温（800~1000℃）区塑性变形只能细化贝氏体铁素体晶粒。

8.4.3.4 奥氏体冷却时的中间停留

贝氏体相变速度与过冷奥氏体冷却过程中在不同温度下的中间停留有关，可以分以下 3 种情况，如图 8-9 所示。

（1）在珠光体和贝氏体相变之间的过冷奥氏体稳定区停留（如图8-9中曲线1）时，会使下贝氏体相变加速。实验发现，停留期间有碳化物析出，过冷奥氏体中的碳和合金元素浓度下降，从而降低了过冷奥氏体的稳定性。

（2）先形成部分上贝氏体，再冷至下贝氏体转变的低温区（见图8-9中曲线2），将使下贝氏体转变的孕育期延长，减少最终贝氏体的转变量。说明先发生的部分上贝氏体相变增加了未转变过冷奥氏体的稳定性。

（3）先形成少量的马氏体或下贝氏体（见图8-9中曲线3），则加速随后的下贝氏体或上贝氏体相变速度。这是因为停留期间发生的部分马氏体相变使过冷奥氏体点阵产生畸变，应变诱发了随后贝氏体形核，加速了贝氏体的形成。

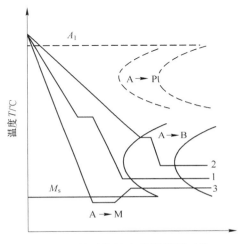

图8-9　贝氏体转变前的停留工艺

8.5　有色金属及陶瓷中的贝氏体相变*

8.5.1　有色金属中的贝氏体相变

具有马氏体相变的有色金属，如铜基、银基合金等，在其M_s以上等温会出现一个非稳定相，也有表面浮凸现象，所以也称为贝氏体。

如果说研究钢中贝氏体相变是为了实际应用，那么对有色金属贝氏体相变的研究目的只是探讨相变的机理。因为实验上难以确认贝氏体相变时铁原子究竟是否发生了扩散。而有色金属中，合金组元都是置换型的，相对来说容易确定相变时是否有组元成分变化。

Zn的质量分数在38%~56%变化的Cu-Zn系合金，固溶处理后在350℃以下等温，将形成片状产物α_1；或者固溶处理后快速冷却，然后在M_s点以上回火，也会发现片状α_1，片状物产生时有表面浮凸，所以被称为贝氏体。与钢中贝氏体不同，有色金属中的贝氏体是单相，亚结构为层错。

实验发现，片状α_1形成的全过程存在溶质成分的变化，这一公认的事实无疑是对切变学派的一个很大挑战，对于持过渡机制和混合机制的学者也带来新的思考。

8.5.2　陶瓷中的贝氏体相变

1981 年 Kobayshi 等人发现，2%（摩尔分数）Y_2O_3-ZrO_2 在 100～300℃ 等温将发生 t（四方相）→m（单斜相）相变，当时把这种相变产物称为等温马氏体，后来 Nakanishi 等人将转变产物称为"类贝氏体"。理由是 t→m 等温相变是切变及氧离子扩散所致，这与钢中贝氏体相变是切变加碳原子扩散极为相似。

ZrO_2 陶瓷中的 t→m 等温相变影响了陶瓷的力学性能，特别是损害了断裂韧性，因此，陶瓷中的等温相变备受人们关注。

8.6　贝氏体的力学性能

一般来说，同一种钢的贝氏体强度和硬度比马氏体低，比珠光体高；贝氏体的塑性和韧性比马氏体好，比珠光体低。贝氏体的力学性能取决于贝氏体的组织形态，由贝氏体中铁素体、碳化物及其他相（残余奥氏体和过冷奥氏体的其他转变相）共同决定。

8.6.1　贝氏体的强度和硬度

影响贝氏体强度硬度的因素有以下几个方面：

（1）贝氏体铁素体晶粒大小。贝氏体铁素体晶粒尺寸越小，其强度硬度越高。贝氏体强度与贝氏体铁素体晶粒尺寸之间也符合 Hall-Petch 公式。而贝氏体铁素体晶粒尺寸与相变温度和奥氏体晶粒大小有关。相变温度越低，铁素体条越薄；奥氏体晶粒越细小，铁素体条越短。

（2）弥散强化。碳化物颗粒尺寸愈细小，数量愈多，对强度的贡献越大，贝氏体强度与碳化物的弥散度大致呈线性关系。碳化物的大小、数量和分布主要取决于相变温度和奥氏体中碳的质量分数。钢的成分一定时，随相变温度的降低，渗碳体尺寸变小，数量增多，形态也由断续杆状向粒状变化，贝氏体强度、硬度增高。

（3）位错密度。贝氏体铁素体的亚结构主要为位错，位错密度也随转变温度的降低而增高。

（4）固溶强化。贝氏体中也存在固溶强化，但强化效果不是十分显著。贝氏体铁素体中碳的质量分数稍高于平衡浓度，且饱和度随转变温度的下降而增大。

综上所述，相变温度是影响贝氏体强度、硬度的决定性因素，随转变温度下降，贝氏体强度提高。

8.6.2　贝氏体的塑性和韧性

贝氏体强度增加时，塑性会相应下降。冲击韧性主要取决于碳化物的分布。贝氏体的冲击韧性与相变温度之间的关系如图 8-10 所示，由图可见，贝氏体形成温度超过 350℃ 时，冲击韧性开始下降。这是因为，350℃ 以上，组织中大部分是上贝氏体，断续杆状渗碳体分布在铁素体条之间。上贝氏体铁素体和碳化物尺寸都较大，且都具有较明显的方向性，容易形成大于临界尺寸的裂纹。下贝氏体的碳化物分布在铁素体内，且尺寸细小，难以形成超过临界尺寸的裂纹，裂纹扩展时，也将受到大量弥散碳化物和位错的阻止。因此，上贝氏体不仅强度低，韧性也很差，是不希望得到的组织，下贝氏体具有高的强度和良好的韧性。从力学性能上说，下贝氏体类似于淬火+高温回火组织，具有良好的综合性能。但获得下贝氏体组织的工艺简单、成本低。

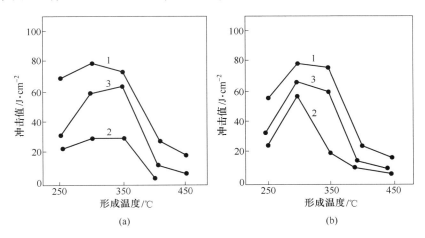

图 8-10　贝氏体韧性与形成温度的关系
（图中 1~3 表示碳质量分数在 0.27%~0.42% 之间逐渐增加）
（a）等温 30min；（b）等温 60min

8.6.3　其他相对贝氏体性能的影响

贝氏体相变时，可能存在未转变的过冷奥氏体。过冷奥氏体可能变成残余奥氏体或过冷奥氏体的其他转变产物，如马氏体等。残余奥氏体是软相，会降低贝氏体强度和硬度，提高塑性和韧性。若残余奥氏体量少且均匀分布，则对强度的影响较小。

实验表明，贝氏体中存在马氏体时，这种混合组织具有较高的强度和较好的韧性。韧性同时提高的原因是，先形成的贝氏体分割母相奥氏体的晶粒，使其有效晶粒变小。裂纹遇到贝氏体和马氏体晶界时将改变扩展方向。

我国研制的低、中碳 Mn-B 系和 Mn-Si-Cr 系贝氏体钢，就是采用无碳化物贝氏体和马氏体的混合组织，强韧化效果优良，目前已得到广泛应用。

8.7　贝氏体钢及其应用 *

经热轧直接空冷或经正火冷却后能得到全部贝氏体组织的钢，统称为贝氏体钢（Bainitic steels）。贝氏体钢具有以下优点：

（1）全部贝氏体组织是空冷得到的，空冷可以避免淬火变形和开裂；

（2）碳的质量分数低的贝氏体钢，可焊性和成型性好；

（3）贝氏体钢具有高的强度和韧性，综合力学性能优良；

（4）可在很大截面尺寸上获得优良性能；

（5）与淬火+回火钢比，设备、工艺简单，成本低。

8.7.1　低碳贝氏体钢

低碳贝氏体钢是在 Mo 或 Mo-B 钢的基础上，加入 Mn、Cr、Ni，有时还加入微量碳化物形成元素 Nb、V、Ti。

Mo 和 B 都能抑制珠光体转变，而不影响贝氏体转变，保证钢在空冷条件下易于得到贝氏体组织。合金元素 Mn、Cr、Ni 的加入，能降低贝氏体形成温度 B_s，使贝氏体强度进一步提高。

我国常用的低碳贝氏体钢有 14MnMoV、14MnMoVBRe、14CrMnMoVB、17CrMoV、15CrNiMnMoNb、20CrNiMnMoB、18MnMoNb 等。近年来，研制出新型 Mn-Si-Cr 系低碳贝氏体钢，不仅成本低，而且强韧性和耐磨性都优于含 Cr、Ni、Mo 等贵金属合金经淬火+回火的马氏体钢。

8.7.2　中碳贝氏体钢

50CrSiMnMoV、40NiCrMo 及中碳 Mn-B 系列是空冷就能得到全部贝氏体组织的贝氏体钢。一些中碳结构钢也可以成为贝氏体钢，但必须通过等温淬火处理来获得贝氏体组织。在强度相等的条件下，比较中碳结构钢经适当的等温淬火处理和淬火+回火处理，等温淬火时的冲击韧性和疲劳强度高。因此，中碳贝氏体钢空冷与中碳结构钢等温淬火，可代替"淬火+中温回火"或调质处理，获得较好的强韧性配合。

8.7.3　高碳贝氏体钢

当韧性和焊接性不重要时，可以通过增加碳的质量分数来进一步提高贝氏体的强度。但高的碳质量分数将加速珠光体转变，使能够获得全部贝氏体组织的工件截面尺寸变小。例如，1.0%C-1.0%Cr-0.5%Mo-B 钢，空冷获得贝氏体组织的工件截面为 5~12mm，直径小于 5mm，空冷得到马氏体，直径大于 12mm，空冷得到珠光体。所以，与低碳贝氏体钢比较，高碳贝氏体钢的应用受到更多限制。

同样，对于高碳工具钢，为了提高韧性和（或）减少淬火变形，可以采用等温淬火获得部分贝氏体组织，再进行多次回火处理，使残余奥氏体转变为回火马氏体。这种贝氏体、回火马氏体和残余奥氏体的混合组织具有很高的强度和韧性。

8.7.4　奥贝球铁

奥贝球铁是 20 世纪 70 年代末 80 年代初研制的一种新型工程材料，是具有奥氏体-贝氏体复相组织的高强度球墨铸铁。这种组织可以直接由液态凝固得到，也可经等温处理得到。奥贝球铁的性能明显优于铁素体-珠光体球墨铸铁，也优于调质处理的球墨铸铁。等温处理的球墨铸铁能以铁代钢，满足日益发展的高速、大马力、受力复杂的机件性能要求。

我国球墨铸铁等温处理通常在 250~350℃ 之间，处理时间 45~90min，基体组织为下贝氏体加少量马氏体和残余奥氏体。对于壁厚大于 10mm 的球墨铸铁件，需加入 Mo、Ni、Cu 等促进贝氏体形成的合金元素。

—— **本章小结** ——

（1）贝氏体兼具扩散型和切变型相变的特征：转变不完全；转变产物是 α 与碳化物的混合体；动力学曲线呈"C"形；基体切变；碳原子扩散；存在惯习面和位向关系。

（2）贝氏体（上、下、粒状和无碳化物贝氏体）形态由碳的质量分数和温度决定，本质因素是碳的扩散能力。

（3）贝氏体形成过程的重要影响因素是碳扩散能力和脱溶沉淀程度，上、下贝氏体相变分别受碳在奥氏体和铁素体中碳的扩散速度所控制。

（4）影响贝氏体形成动力学因素主要有化学成分、原始组织、应力应变和冷却方式。

（5）贝氏体性能由基体铁素体、渗碳体和剩余相及其转变产物决定，其中，下贝氏体综合性能好。等温淬火使钢的性能一步到位，工艺简单，成本低。

复习思考题

8-1　简述贝氏体相变的基本特征。

8-2　贝氏体相变与珠光体转变有哪些异同点？

8-3　贝氏体相变与马氏体转变有哪些异同点？

8-4　试述上贝氏体和下贝氏体的组织形貌和亚结构。

8-5　试述贝氏体相变的转变过程及影响形貌的控制因素。

8-6　试述贝氏体相变的动力学特点。

8-7　说明贝氏体钢的性能特点及应用。

8-8　上贝氏体和下贝氏体的相变速度主要受什么控制？

8-9　粒状贝氏体与无碳化物贝氏体有何异同？

8-10　简述贝氏体转变的微观机制？

第三部分

固态相变的应用

现阶段金属材料的强韧化方法有5种：细化强化、加工硬化、相变强化、沉淀强化和固溶强化（见图示）。其中，加工硬化也叫冷作硬化或形变强化；沉淀强化与弥散强化或时效强化或第二相强化没有本质差别。这些强化方法中，除了细晶强化外，其他的强化方法都是以牺牲塑性韧性为代价。广义上说，"组织""结构"变化都叫相变，因此上述强化方法是关联的。其中，相变强化占有极其重要的位置，固态相变的应用内涵是：根据相变原理制定热处理工艺，从而达到调控材料性能的目的。

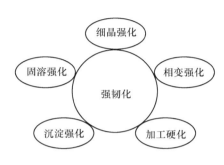

五种强化金属材料的本质是一样的——增加金属晶体缺陷密度。缺陷密度增加，金属材料处于亚稳和不稳定状态，强度硬度提高。不过，物极必反。晶体缺陷增加到一定程度时，材料的力学性能反而恶化，脆性增加。反之，晶体缺陷密度下降，金属材料处于平衡或接近平衡状态，塑性增加。如果晶体缺陷的密度极度下降（单晶或晶须），强度又极大提高。因此，调控材料性能就是控制晶体缺陷的密度，主要方法是：控制材料的组织结构，在强度硬度和塑性韧性之间找到一个满足应用条件的适合支点。要么采用一次到位的工艺，等温淬火获得下贝氏体；要么采用淬火工艺，先最大限度地获得高强度硬度，再控制回火温度，恢复必要的塑性韧性。

第三部分主要包含3个方面的内容：（1）制定热处理工艺的依据；（2）"四把火"——退火、正火、淬火和回火；（3）表面强化。

9 制定热处理工艺的依据

目的与要求：掌握制定热处理工艺的基本原则；掌握TTT和CCT曲线的测试原理和方法；了解TTT曲线的几种类型及影响因素。

虽然热处理方法很多，但任何一种热处理工艺都是由加热—保温—冷却三个阶段组成，热处理工艺通常在"温度—时间"坐标上表示，称为热处理工艺曲线或热处理工艺规范，如图 9-1 所示。

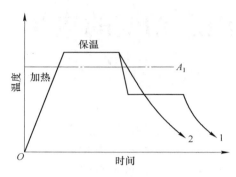

图 9-1　热处理工艺曲线
1—等温冷却；2—连续冷却

加热速度的确定原则是：加热过程中保证构件不变形的前提下，加热速度尽可能快。

保温时间的确定原则是：在"烧透"的前提下，保温时间尽量短，以避免晶粒长大。

至于加热到什么温度，以多快的速度冷却则是热处理的关键。奥氏体化后，由于冷却条件的不同，其转变产物在组织和性能上有很大差异。实际生产中常用的冷却方式有两种，即等温冷却和连续冷却（见图 9-1）。过冷奥氏体等温转变动力学图及连续冷却转变动力学图是制定热处理工艺、合理选择钢材及预测工件性能的重要理论依据之一。

9.1　过冷奥氏体等温转变动力学曲线的基本形式

根据 Johnson-Mehl 方程，冷却时发生的扩散型相变，新相转变体积分数与时间的关系呈"S"形，即相变初期和后期转变速度小，中期的相变速度最大，具有形核和长大过程的所有相变均具有此特征。若将新相转变体积分数与时间的关系曲线转换成温度-时间曲线，就得到过冷奥氏体等温转变动力学图（time-temperature-transformation diagram），简称 TTT 图，因该曲线常呈"C"形，所以俗称 C 曲线。亚共析钢和过共析钢的 C 曲线见第二部分第 2 章，以下对共析钢的 C 曲线进行分析。

如图 9-2 所示，在 $A_1 \sim M_s$ 之间以及转变开始线以左的区域是过冷奥氏体区或孕育区，在该区域内，过冷奥氏体不发生转变，处于亚稳状态。纵坐标到转变开始线的水平距离叫孕育期，不同过冷度下的孕育期不同，孕育期最短的部位称为"鼻温"，碳钢的鼻温约为550℃。以鼻温为分界线，其上从左到右，依次是过冷奥氏体区、过冷奥氏体向珠光体转变（A→P）区和珠光体转变产物区；其下从左到右，依次是过冷奥氏体区、过冷奥氏体向贝氏体转变（A→B）区和贝氏体转变产物区。$M_s \sim M_f$ 之间是马氏体转变区。很显然，C曲线明确表示了钢在某温度和某时刻所处的组织状态。大体上可将 C 曲线分为三个温度段：A_1 至鼻温之间的高温区，转变产物由高温到低温依次是珠光体、索氏体和托氏体；鼻温至 M_s 线之间的中温区，上部为上贝氏体转变区，下部是下贝氏体转变区；M_s 以下的低温区，转变产物是马氏体。

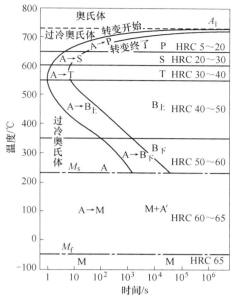

图 9-2　共析钢的等温转变动力学曲线

9.2　测定 TTT 图的基本原理和方法

9.2.1　测定 TTT 图的基本原理

相变过程包括三个方面的变化：晶体结构、化学成分和某种物理性能或力学性能的跃变。只要发生一种变化，就可以认为发生了相变。通过各种现代分析测试手段，很容易确定上述变化是什么时候开始，进行到什么程度，以及什么时候结束。从而获得在某一外界条件下，新相转变量与转变时间之间的关系。

9.2.2　测定 TTT 图的基本方法

9.2.2.1　金相硬度法

通过观察金相组织并测定硬度，确定过冷奥氏体在不同等温温度下，各转变阶段的转变产物及体积分数，根据转变产物体积分数的变化来确定过冷奥氏体等温转变的起止时间，从而绘制出等温转变图。如果利用电子显微镜和定量金相显微镜等先进测试手段，可获得更为精确而可靠的结果。

具体方法是：将 $M_s \sim A_1$ 之间的温度区域分为若干等分，选取分界点温度 T_1，T_2，T_3，…作为等温温度，将一组预先退火或正火处理的试样奥氏体化后，迅速移至某选定温度等温不同时间，随即迅速淬入盐水中。等温过程中未转变的过冷奥氏体在淬火时将转变为马氏体，而等温转变产物则保留下来并分布于马氏体中，在金相显微镜下能识别它们，测显微硬度能确定马氏体的相对量。一般出现 1% 的转变产物对应的等温时间 τ_1 记为转变开始时间，98% 转变产物对应的等温时间记为转变终了时间。将不同温度下转变开始点和转变终了点连成光滑曲线，就得到 C 曲线。

金相硬度法的优点是能准确测出转变开始点和终了点，能直接观察到转变产物的组织形态、分布及其相对量。但需制作大量金相试片，费时而麻烦。

9.2.2.2　膨胀法

测量原理是基于马氏体相变是个体积膨胀的过程，膨胀量对应于马氏体的体积分数。采用热膨胀仪，测定钢在相变时发生的比体积变化来确定过冷奥氏体在等温过程中转变的起止时间。通常使用直径 3～5mm，长 10～50mm 的圆柱形小试样，奥氏体化后，分别在不同温度下等温停留，此时膨胀仪将自动记录等温转变时引起的膨胀量与时间的关系曲线，如图 9-3 所示。其中，bc 段是过冷奥氏体的纯冷却收缩，cd 是等温转变前的孕育期，从 d 开始发生相变，至 e 点相变结束，de 段是相变引起的体积膨胀。将所得到的一系列膨胀量-时间曲线加以整理便可绘制出 C 曲线。

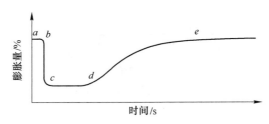

图 9-3　等温转变时膨胀量与时间的关系

膨胀法的优点是测量时间短、所需试样少，还能测出先共析渗碳体的析出线。但当膨胀曲线变化较平缓时，转折点不易精确确定。

9.2.2.3　磁性法

磁性法的原理是基于奥氏体的顺磁性，而奥氏体的分解产物铁素体或珠光体（A_2 以下）、贝氏体以及马氏体等均为铁磁性的特点，通过相变引起的由顺磁性到铁磁性的变化来确定转变的起止时间及转变量与时间的关系。

将被测标准试样（$\phi 3mm \times 330mm$）放在磁场中，当试样呈非铁磁性的奥氏体状态时，不受磁场力的作用。如果在试样中出现铁磁性相，则试样受磁力作用而发生偏转，偏转角度大小与铁磁相数量成正比。

磁性法的优点也是测量时间短、所需试样少。但不能测出先共析渗碳体的析出线和亚共析钢珠光体转变的开始线，因为渗碳体的居里点 A_0 为 230℃，珠光体和铁素体都是铁磁相而无法区别。

很显然，各种方法各有优缺点，因此实践中往往将几种测试方法相结合起来，相互校正，取长补短。

9.2.3　C 曲线的基本类型及其影响因素

9.2.3.1　C 曲线的基本类型

钢的成分和奥氏体化条件不同，C 曲线的形状和位置发生变化，变化规律遵循"两个凡是"：凡是增加过冷奥氏体稳定性的因素均使 C 曲线右移；凡是扩大 γ 相区的因素均使 C 曲线下移。反之亦然。

根据 C 曲线的形状以及珠光体和贝氏体转变区的相对位置，可将 C 曲线分为：单鼻型、双鼻型和无鼻型 3 大类，如图 9-4 所示。其中，单鼻型又包括只有 P 区、只有 B 区、P 区与 B 区部分重叠 3 种；双鼻型包括 P 区在左、B 区在右和 P 区在右、B 区在左 2 种。

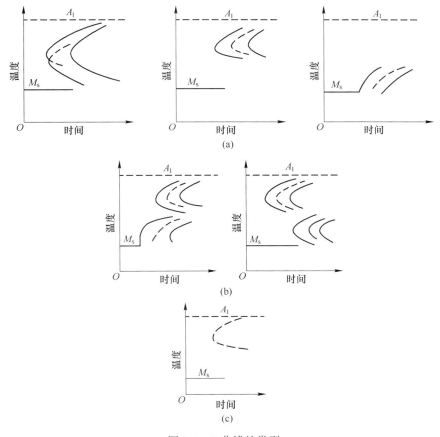

图 9-4　C 曲线的类型
（a）单鼻型；（b）双鼻型；（c）无鼻型

（1）单鼻区。

1）P 区和 B 区部分重叠的单鼻型：碳钢和含非（或弱）碳化物形成元素的低合金钢属于此类，因为这类钢中的合金元素只影响 C 曲线的左右位置。

2）只有 P 区的单鼻型：中碳高铬和高碳高铬钢属于此类，因为中高碳和高铬共同作用，强烈推迟 B 转变，导致 C 曲线中没有 B 转变区。

3）只有 B 区的单鼻型：高含量的 Mo、W、Cr、Ni、Mn 等低碳和中碳合金钢属于此类，因为这类合金元素强烈推迟 P 转变。

（2）双鼻区。

1）P 区在右、B 区在左的双鼻型：碳的质量分数和碳化物形成元素 Cr、Mo、W、V 含量都不高的合金结构钢属于此类，因为在这类合金元素共同作用下，对 P 转变推迟作用更加显著。随合金元素含量的增加，P 和 B 两条 C 曲线从分开不明显到截然分开。

2）P 区在左、B 区在右的双鼻型：含碳化物形成元素 Cr、Mo、W、V 的高碳钢属于此类，这种情况下，对 B 转变的推迟作用更明显。

（3）无鼻型。

含有大量扩大 γ 相区合金元素的钢属于此类，这种情况下，P 和 B 转变被强烈抑制，M_s 点降到室温以下。如果这类钢含有一定量的碳和碳化物形成元素，则在 M_s 以上的高温区可能析出碳化物。P 和 B 转变被强烈推迟，风冷也可以获得马氏体，这样的钢也叫风钢。

9.2.3.2　C 曲线的影响因素

在第二部分 5.3.3 节和 8.4.3 节中已经叙述了对珠光体和贝氏体转变动力学的影响因素，现将合金元素的影响综合于图 9-5 中。

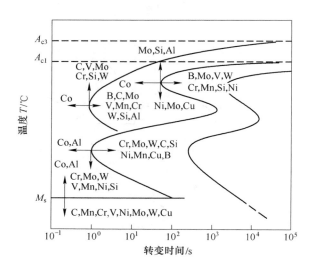

图 9-5　合金元素对 C 曲线位置和形状的影响

（1）碳的质量分数。随碳的质量分数增加，亚共析钢的 C 曲线右移，过共析钢的 C 曲线左移，贝氏体的 C 曲线右下移。

（2）除 Co 外，合金元素不同程度推迟珠光体相变，C 曲线右移，减缓珠光体转变程度排序：Mo、Mn、W、Cr、Ni。扩大 γ 区的元素（Ni、Mn、Cu），使珠光体转变区下移，缩小 γ 区的元素（Si、Al、Cr、W、Mo、V）使珠光体转变区上移。合金元素对贝氏体转变的影响主要取决于对 γ→α 相变的难易程度及其对碳扩散速度的影响。Mn、Cr、Ni 降低 γ 与 α 的自由能差，即减少相变驱动力，贝氏体 C 曲线右下移；Co 和 Al 提高 γ 与 α 的自由能差，同时 Co 还提高碳的扩散速度，使贝氏体 C 曲线左移。Mo 和 W 虽不显著影响 γ 与 α 的自由能差，但它们是碳化物形成元素，有降低碳的扩散速度的作用，使贝氏体 C 曲线下移。这类合金元素含量较高时，珠光体和贝氏体的 C 曲线彼此分离。须特别指出：碳化物形成元素不同程度降低珠光体和贝氏体转变速度的前提是，碳化物形成元素要溶入奥氏体。

（3）奥氏体化条件。奥氏体成分不均匀或奥氏体晶粒细小，珠光体 C 曲线左移。相对来说，奥氏体晶粒尺寸对贝氏体转变的影响不大，因为贝氏体基体是以切变方式发生的点阵重构。

（4）塑性变形。对奥氏体进行塑性变形加速珠光体转变。高温区塑性变形减缓贝氏体转变，低温区塑性变形加速贝氏体转变。

9.3　过冷奥氏体连续转变动力学图

实际生产中的热处理冷却多为连续冷却，过冷奥氏体的连续冷却转变规律与 TTT 图有差异，需要建立过冷奥氏体连续转变动力学曲线，即 CCT 图。

9.3.1　过冷奥氏体连续转变动力学图的测定

CCT 曲线的测定比 TTT 曲线的测定困难得多，这是因为：（1）难以维持恒定的冷却速度；（2）由于温度的快速变化，给精确测量温度-时间的关系带来困难；（3）转变产物通常是混合组织，难以精确定量各种组织转变的体积分数。

CCT 曲线的测量原理与 TTT 曲线测量原理基本相同，测定方法有端淬法、金相硬度法、膨胀法、磁性法等，其中端淬法是应用较多的方法之一，主要原因是端淬法能够一次获得冷却速度连续变化的效果。

如图 9-6 所示，奥氏体化后，只在标准试样端部喷水冷却，则与端部平行的各截面的冷却速度基本上是恒定的，且距端部的距离不同，冷却速度也不同。因此，不同部位对应不同的冷却速度。测定不同部位的显微组织和硬度，就知道该冷却速度下相变进行的程度，从而绘制出 CCT 图。

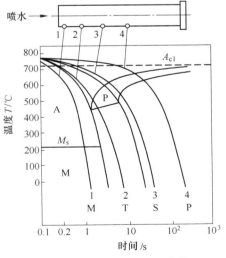

图 9-6　端淬法绘制 CCT 曲线

9.3.2　过冷奥氏体连续转变动力学图的基本形式

亚共析钢、共析钢与过共析钢的 CCT 曲线如图 9-7 所示。总体上讲，与 TTT 曲线比较，CCT 图中的所有曲线均向右下"漂移"，即所有转变均呈现"滞后"现象，冷却速度越快，"滞后"现象越严重。同时，CCT曲线中的 P 和 B 的"C"曲线只有上半部分。相变滞后现象也可能导致贝氏体转变被抑制。

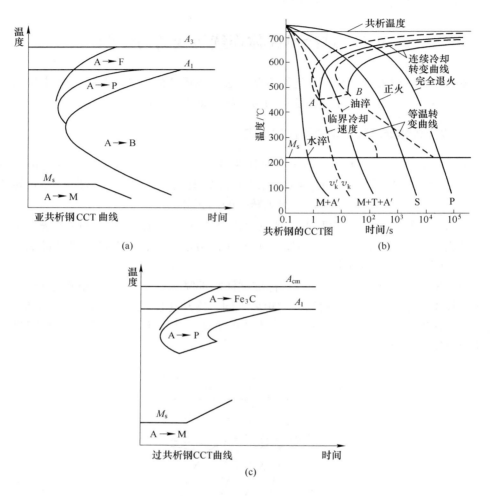

图 9-7　亚共析钢、共析钢和过共析钢的 CCT 曲线
（a）亚共析钢；（b）共析钢；（c）过共析钢

亚共析钢 CCT 曲线有贝氏体转变区，多了一条 A→F 开始线，先共析铁素体析出使奥氏体含碳量升高，因而 M_s 线右端下降。随亚共析钢碳质量分数的增加，不利于"排碳"的铁素体形成，所以 A→F 开始线向右移。

共析钢的贝氏体来不及转变，所以没有贝氏体转变区，在珠光体转变区之下有一条转变终止线（见图 9-7（b）中的 AB 线）。

过共析钢的贝氏体也来不及转变，所以 CCT 曲线也无贝氏体转变区，但比共析钢 CCT 曲线多一条 A→Fe_3C 转变开始线。由于 Fe_3C 的析出，奥氏体中碳的质量分数下降，因而 M_s 线右端升高。随过共析钢碳质量分数的增加，有利于"吸碳"的渗碳体形成，所以 A→ Fe_3C 转变开始线向左移。

9.4 临界冷却速度

在连续冷却中，使过冷奥氏体不析出某组织（或相）的最低冷却速度，称为抑制该组织（或相）转变的临界冷却速度。过冷奥氏体完全转变为马氏体（可能包含部分残余奥氏体）的最低冷却速度称为临界淬火速度（critical quenching rate），用 v_k 表示，如图 9-7 (b) 中过 A 点的冷却速度即为共析钢的 v_k。v_k 表征了钢件淬火冷却获得马氏体组织的能力，是决定钢件淬透层深度的重要因素，也是合理选择钢材和正确制定热处理工艺的重要依据之一。

————— 本章小结 —————

（1）制定热处理工艺的基本原则：加热速度以工件不变形、保温时间以烧透但晶粒不粗大为原则；加热温度和冷却速度由热处理目的或工件性能要求来决定。

（2）TTT 曲线和 CCT 曲线是制定热处理工艺的依据。

（3）动力学曲线测定原理是，建立不同热处理状态与相应组织或性能的定量关系。

（4）对 C 曲线的影响表现在对过冷奥氏体稳定性的影响上。一方面是影响 γ 与 α 两相的自由能差，另一方面是影响碳和（或）合金元素原子的扩散。碳和合金元素的影响前提是全部溶入奥氏体。

复习思考题

9-1 什么叫临界冷却速度？在实际生产中有何意义？

9-2 简述制定热处理工艺的基本原则及依据。

9-3 简述 TTT 和 CCT 动力学曲线的测定原理及方法。

9-4 影响动力学曲线的因素有哪些？

10　退火与正火

目的与要求：掌握退火与正火的目的和选用原则，具备根据零件的成分和性能要求合理选择退火和正火工艺的能力。

　　从微观组织上看，退火和正火得到的是平衡或近平衡组织；从性能上看，退火和正火处理降低材料的强度和硬度，改善塑性和韧性。退火和正火既可以作为预备热处理，又可以作为最终热处理，两者的目的相似，但适用场合有所不同。在满足性能的前提下，应优先采用正火。

10.1　退　　火

10.1.1　退火的目的及分类

　　一般来说，退火（annealing）是将钢加热到适当温度，保持一定时间后，缓慢冷却获得接近平衡组织（珠光体）的热处理工艺。退火工艺主要用于铸、锻、焊毛坯或半成品零件，为预备热处理。退火的主要目的是：软化钢材以便切削加工；提高塑性便于冷变形加工；消除内应力以防工件变形与开裂；细化晶粒，改善组织，改善合金元素的分布；提高热处理工艺性能，为最终热处理做组织准备。

　　钢的退火种类很多，按加热温度可分为两大类：一类是加热温度在临界点以上的退火，包括完全退火、不完全退火、等温退火、球化退火、扩散退火等，有晶体结构的变化，获得的组织大多是平衡态；另一类退火加热温度在临界点以下，包括去应力退火和再结晶退火等，这类退火无晶体结构变化，获得的组织不一定是平衡态。各种退火加热温度范围如图 10-1 所示。

　　退火的对象可以是钢和铸铁，也可以是有色金属。

10.1.2　退火工艺

10.1.2.1　去应力退火

　　去应力退火又称低温退火（relief annealing or low-temperature annealing），其目的是消除由于塑性变形、焊接、机械加工、铸造等所造成的残余应力。去应力退火的工艺是将钢件加热到略低于 A_{c1}（一般取 $500 \sim 650℃$），保温一定时间后缓慢冷却。很显然，去应力退火过程中金相组织不发生变化，可以是非平衡组织。

10.1.2.2　再结晶退火

　　再结晶退火（recrystallization annealing）是把经冷变形的工件加热到再结晶温度以上

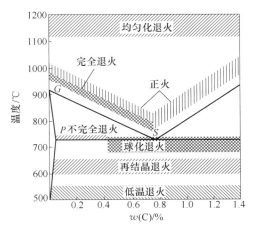

图 10-1　各种退火加热温度范围

$100\sim200℃$，保温适当时间后冷却，以消除冷变形过程中产生的内应力和加工硬化，塑性恢复到变形前的水平，重新形成均匀的等轴晶粒的退火工艺。再结晶前后晶格类型和成分完全相同，但组织形貌发生了显著变化。

10.1.2.3　完全退火与等温退火

完全退火又称重结晶退火（full annealing），是将工件完全奥氏体化后缓慢冷却获得平衡组织的热处理工艺。完全退火的目的是：细化晶粒、消除过热组织、降低硬度和改善切削性能，为淬火做好组织准备。完全退火主要针对中碳钢和低（中）碳合金钢的锻件、铸件、热轧型材及焊接件。过共析钢则不宜采用完全退火，因为过共析钢完全退火需加热至 A_{ccm} 以上，缓冷时将析出网状渗碳体。

完全退火工艺曲线示意图如图 10-2 所示。碳钢加热温度一般在 $A_{c3}+(30\sim50)℃$，合金钢一般为 $A_{c3}+(50\sim70)℃$。保温时间的确定原则是，保证工件烧透，原始组织完全奥氏体化及成分均匀。保温一定时间后随炉冷至 $500℃$ 左右，然后出炉空冷。

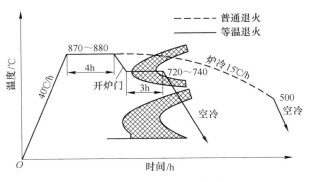

图 10-2　完全退火工艺曲线

完全退火一般是随炉冷却，生产周期长，尤其是孕育期长的合金钢，很费工时。因此，实际生产中常用等温退火来代替。等温退火（isothermal annealing）是将亚共析钢加热到 $A_{c3}+(30\sim50)℃$、共析钢或过共析钢加热到 $A_{c1}+(30\sim50)℃$，保温适当时间后，较快冷却到珠光体转变温度区间的适当温度等温，使过冷奥氏体等温转变为珠光体后出炉空冷的退火工艺。

10.1.2.4　不完全退火

将钢加热至 $A_{c1} \sim A_{c3}$ 或 $A_{c1} \sim A_{ccm}$ 之间，进行不完全奥氏体化，之后缓慢冷却，以获得接近平衡组织的热处理工艺称为不完全退火（underannealing），工艺曲线如图 10-3 所示。不完全退火的目的与完全退火相同，但细化晶粒的效果不如完全退火。不完全退火的优势在于加热温度低，降低成本，节约能源。不完全退火适于中、高碳钢及低合金钢锻轧件等。

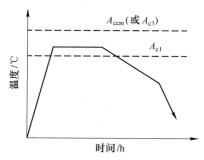

图 10-3　不完全退火工艺曲线

当亚共析钢件硬度高，不便于切削加工时，可采用不完全退火。由于只发生部分重结晶，因此亚共析钢的不完全退火不能彻底消除与先共析铁素体有关的组织缺陷。

过共析钢锭采用不完全退火的目的是减少溶入奥氏体中的碳化物，以降低奥氏体的稳定性，提高退火效果。同时消除铸造应力，改善铸态组织，降低表面硬度。

对于过共析锻轧钢材，如工具钢、轴承钢及冷模钢等，不完全退火的目的是获得球状珠光体，降低硬度，改善切削性能。

10.1.2.5　球化退火

使钢中的碳化物球状化的退火工艺称为球化退火（spheroidizing annealing）。球化退火的目的是获得粒状珠光体，改善后续热处理工艺性，降低硬度，改善切削性能。球化退火主要用于工模具钢、轴承钢、冷挤压成型的结构钢等。粗大的一次渗碳体球化只能通过锻造和适当的高温扩散退火的方式获得，只有二次渗碳体和共析渗碳体能通过球化退火进行球化。球化退火的工艺主要有低温球化退火、普通球化退火、等温球化退火、循环球化退火、形变球化退火等。

A　低温球化退火

将钢加热到 A_{c1} 以下 20℃ 左右，经长时间保温，使碳化物球化，然后冷却，低温球化退火工艺示意如图 10-4 所示。低温球化退火需长时间保温，对于已形成网状渗碳体的过共析钢，A_{c1} 以下退火难以球化。所以低温球化退火仅适于经冷变形加工、淬火及原珠光体层片较薄且无网状碳化物的情况。

B　普通球化退火

将共析钢或过共析钢加热到 $A_{c1} + (30 \sim 50)$℃，充分保温后，缓慢冷至 $500 \sim 650$℃后出炉空冷，工艺曲线如图 10-5 所示。普通球化退火实际上是一种不完全退火，要求退火前

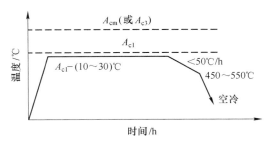

图 10-4　低温球化退火工艺曲线

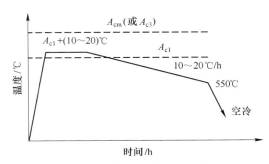

图 10-5　普通球化退火工艺

的原始组织为细片状珠光体,否则,退火前要进行一次正火处理。

C　等温球化退火

为了缩短球化退火时间,可采用等温球化退火工艺。等温球化退火(isothermal sphe-roidizing annealing)是将共析钢或过共析钢加热到 $A_{c1}+(20\sim30)℃$ 保温适当时间,然后冷却至 A_{r1} 以下 $20\sim30℃$,等温一定时间之后炉冷或空冷的球化退火工艺。等温球化退火工艺如图 10-6(a)所示,如果原始组织中网状碳化物较为严重,则采用如图 10-6(b)所示的退火工艺。当然,也可以采用正火工艺来消除网状碳化物。

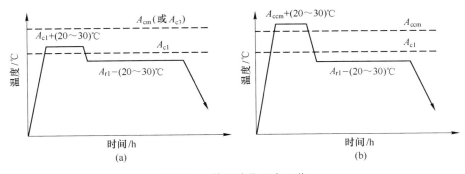

图 10-6　等温球化退火工艺

D　循环球化退火

理论和实践表明,在略高于 A_{c1} 温度奥氏体化,等温温度略低于 A_{r1} 时,能较快地获得球化组织。循环球化退火就是在此基础上提出来的,目的是加速球化过程。如图 10-7 所示，将钢加热到 A_{c1}+（20~30）℃短时保温，然后冷却至 A_{r1}−（20~30）℃短时保温，之后再重复上述过程多次。循环球化退火也称为周期球化退化（cycling spheroidizing annealing）。这种退火方法适于小批量生产的小型工件，对于大型工件或装炉量多的情况，往复加热冷却很难实现。

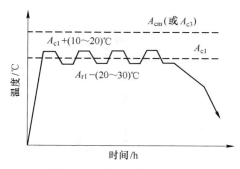

图 10-7　循环球化退火工艺

E　形变球化退火

形变球化退火（deformation spheroidizing annealing）是将球化退火与塑性变形结合起来的处理工艺。形变球化退火前的塑性变形可使渗碳体碎化，退火时渗碳体更加容易溶解和断裂，从而促进球化过程。

根据变形温度的高低，可将变形球化退火分为低温变形球化退火和高温变形球化退火两种，退火工艺曲线如图 10-8 所示。

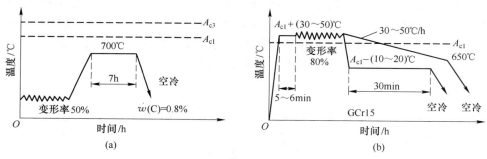

图 10-8　变形球化退火

10.1.2.6　扩散退火

为了减轻或消除金属铸锭、铸件、锻坯或焊接件的成分偏析和组织不均匀性，将其加热到高温区长时间保温，然后缓慢冷却的热处理工艺称为扩散退火（diffusion annealing）。以达到成分和组织均匀为目的的扩散退火也称为均匀化退火（homogenizing annealing）；为了使有害元素氢脱溶析出而进行的退火称为去氢退火（dehydrogenation）。

均匀化退火是将钢加热到高于固相线温度（A_{c3} 或 A_{ccm}+（150~300）℃），长时间保温（10~15h），然后随炉冷却。由于均匀化退火易造成晶粒长大，所以均匀化退火后应进行完全退火或正火。均匀化退火主要用于质量要求较高的合金钢铸锭、铸件或锻坯。

10.2　正火目的与工艺

将钢加热到临界温度 A_{c3} 或 A_{ccm} 以上或更高的温度下奥氏体化，保温适当时间，以较快冷速（空冷、风冷或喷雾等）冷却，得到珠光体型组织（索氏体或托氏体）的热处理工艺叫正火（normalizing）。

正火有以下目的：

（1）对于低中碳钢，正火的目的与退火相同，都是细化晶粒，调整硬度，改善切削性能，为淬火做组织准备。对于高碳钢，正火的目的是消除网状碳化物，便于球化退火。

（2）对于大型工件，代替淬火。

（3）用于淬火返修品。

（4）对于不太重要的工件，正火可以是最终热处理。

正火工艺的最大特点是完全奥氏体化，正火加热温度范围如图 10-9 所示。一般来说，碳的质量分数越低，正火温度越高。低碳钢 $A_{c3}+(100\sim150)$℃，中碳钢 $A_{c3}+(50\sim100)$℃，高碳钢 $A_{ccm}+(30\sim50)$℃。

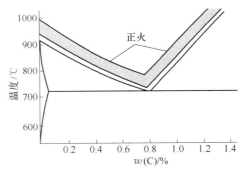

图 10-9　正火加热温度范围

保温时间可由以下经验公式计算：

$$\tau = KD \tag{10-1}$$

式中　τ——加热时间，s；

　　　D——工件有效厚度，mm；

　　　K——加热时间系数。

10.3　正火与退火的选用原则

正火与退火都得到珠光体型组织，究竟选用哪种工艺，应遵循以下原则：

（1）从切削加工性能考虑，低碳钢硬度较低，如采用退火工艺，硬度太低，切削时粘刀具。采用正火以调整硬度，使工件处于最佳切削硬度范围；中碳钢则采用完全退火；高碳钢应采用球化退火。

（2）从使用性能上考虑，正火冷却速度较快，得到的组织更细小，强度硬度比退火时的高。所以，使用性能要求不高的工件，正火可以作为终态热处理。大型构件淬火操作困难，淬硬深度也有限，可采用正火。但是，对于形状复杂的零件，正火冷速太快，可能引起较大内应力和变形，甚至开裂，则以采用退火为宜。

（3）从生产成本上考虑，正火的工艺周期短，设备利用率高，成本低。所以，在满足性能的前提下应优先采用正火。

—— 本章小结 ——

（1）单从相变原理上讲，退火和正火没有本质上的区别，都获得珠光体型组织，不同的是珠光体的量和珠光体片间距。

（2）退火和正火的目的是消除各种组织缺陷，改善加工和热处理性能，稳定尺寸，获得一定的力学性能。

（3）退火和正火往往是中间工序，也可以作为最终热处理工序。

（4）退火的对象是钢、铸铁和有色金属，而正火的对象只针对钢和铸铁。

复习思考题

10-1　解释下列名词：退火、正火、完全退火、不完全退火、等温退火、球化退火、去应力退火。
10-2　退火的目的是什么？
10-3　退火与正火的主要区别是什么？实际生产中应如何选择退火和正火？
10-4　简述各种退火工艺及其适用范围。
10-5　正火工艺及目的是什么？

11　淬　　火

目的与要求：掌握淬火加热温度的确定依据，淬透性和淬硬性的区别；了解钢的淬火方法；具备根据零件的成分和性能要求，正确选用淬火工艺和方法的能力。

广义上讲，将合金加热和冷却获得亚稳组织的热处理都称为淬火（quenching），凡是有同素异构转变或固溶度变化的合金都可以淬火。钢件淬火是为了获得马氏体或下贝氏体组织而提高材料的强度、硬度和耐磨性；无同素异构转变，只有固溶度变化的合金的淬火，通常称为固溶处理。淬火是强化钢材的重要手段，结合回火处理以满足钢的使用性能要求。

11.1　钢的淬火目的与分类

钢件的淬火是将钢部分或完全奥氏体化，保持一定时间后，以大于临界冷却速度冷却，获得马氏体或下贝氏体组织的热处理工艺。

淬火的主要目的是提高钢的强度、硬度和耐磨性。

淬火工艺的种类也很多，大致可分为以下几类：

（1）按加热温度分为完全淬火、不完全淬火、亚温淬火等；

（2）按加热介质分为空气加热淬火、可控气氛加热淬火、真空加热淬火、盐浴加热淬火、铅浴加热淬火、流动粒子加热淬火等；

（3）按冷却方式分为单液淬火、双液淬火、预冷淬火、分级淬火、等温淬火等；

（4）按冷却介质分为空气淬火、气冷淬火、风冷淬火、（盐）水冷淬火、油冷淬火、喷液（雾）淬火等；

（5）按淬火部位分为整体淬火、局部淬火、表面淬火等。

11.2　淬火加热温度与保温时间

11.2.1　淬火加热温度的确定依据

确定淬火加热温度应考虑以下几点：影响临界点 A_{c1} 及 A_{c3} 的化学成分；工件尺寸、形状及技术要求；奥氏体晶粒长大倾向；所采用的淬火介质和淬火方法。

（1）化学成分。化学成分是决定淬火温度最重要的因素。对于碳钢，淬火加热温度范围如图 11-1 所示。即亚共析钢为 $A_{c3}+(30\sim50)$℃；共析钢和过共析钢为 $A_{c1}+(30\sim50)$℃。

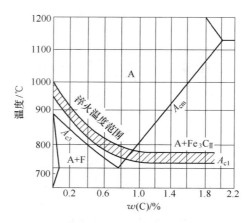

图 11-1　淬火加热温度范围

　　亚共析钢既可以完全奥氏体化，也可以不完全奥氏体化，如果亚共析钢不完全奥氏体化，加热温度在 $A_{c1} \sim A_{c3}$ 之间，淬火后组织为马氏体+铁素体，这种淬火称为亚温淬火（intercritical hardening），亚温淬火组织有部分铁素体，有利于提高钢的塑性韧性。而过共析钢绝对不可完全奥氏体化，因为过共析钢淬火加热前，已进行球化处理，在 $A_{c1} \sim A_{c3}$ 之间加热，粒状碳化物不会溶入奥氏体，淬火后的组织是马氏体+未溶的粒状碳化物，有利于提高耐磨性。相反，如果完全奥氏体化，球化退火的功效前功尽弃，且奥氏体中溶入大量的碳使 M_s 点下降，淬火后残余奥氏体量增多，硬度下降。同时也会引起奥氏体晶粒粗化，工件表面氧化脱碳严重，淬火应力也增大。

　　合金钢的临界温度要发生变化，但其淬火加热温度还是要以 A_{c1} 和 A_{c3} 参考，具体的加热温度因合金元素的存在比相应碳钢的加热温度偏高些，亚共析低合金钢淬火加热温度应为 $A_{c3}+(30 \sim 100)$ ℃，共析和过共析低合金钢淬火加热温度为 $A_{c1}+(50 \sim 100)$ ℃。

　　（2）工件尺寸与形状。小工件应采用较低的淬火加热温度；大工件则应采用较高淬火温度。形状复杂的工件，在保证性能要求的前提下，应尽可能采用较低的淬火加热温度。

　　（3）淬火介质和淬火方法。采用冷却能力较强的淬火介质，可适当降低淬火加热温度；等温淬火或分级淬火时，可适当提高淬火加热温度。

　　（4）奥氏体晶粒长大倾向。对于奥氏体晶粒不易长大的本质细晶粒钢，为缩短工期，可适当提高淬火加热温度。

11. 2. 2　淬火加热时间的确定方法

　　加热时间包括升温时间和保温时间。加热时间可由以下经验公式确定：

$$\tau = \alpha k D \tag{11-1}$$

式中　τ——保温时间，min；

　　　α——保温时间系数，min/mm；

　　　k——工件装炉方式修正系数；

　　　D——工件有效厚度，mm。

　　一般来说，碳钢和低合金钢在透热后保温 5~15min 即可，合金结构钢透热后保温15~25min 为宜。

11.2.3 加热介质的选择原则

加热介质分为气体、液体和固体介质三类。用箱式炉或井式炉加热时，介质是空气，650℃以上就会引起工件氧化和脱碳。用盐浴炉加热时，工件不易氧化脱碳，且加热均匀，速度快，炉温易控，还可实现局部加热。但采用盐浴加热时，要定期除去盐浴中的氧化性杂质，否则也会引起工件脱碳或腐蚀。采用固体粒子作为加热介质的加热炉称为流态床（fluidized bed）。流态床的基本原理是，依靠一定速度的气流使固体颗粒流态化，形成一层类似液体沸腾的固体颗粒层。在一个隔热容器中，从容器底部绝热板气孔中通有适当速度的气流，这时再从底部通入煤气和空气的混合气，煤气在流态层中的燃烧使流态层具有一定的温度，这样就可根据不同材质和性能的要求，进行加热、保温和冷却处理。

流态床炉是一种新型的热处理设备，是利用气固流态化技术制成的。自引入热处理行业后，因其具有设备升温快、温度均匀、热效率高、加热迅速、节电节能、经济效益好、无污染、操作安全、应用范围广等一系列优点，已引起许多国家热处理工作者的关注和重视，越来越多地应用于各类热处理工艺过程之中，流态床热处理在国际上被公认为是最有前途的、未来发展最快的工艺之一。

11.3　淬火冷却介质

理想淬火介质应具备的条件是：既能使工件淬火得到所要求的马氏体组织及分布，又不致引起大的淬火应力。钢在理想介质中的冷却曲线示意如图 11-2 所示，即冷却初期速度要慢，在 C 曲线的"鼻尖"处要大于临界冷却速度，在 M_s 点以下，冷速应尽可能小。实际淬火介质与理想淬火介质有很大差距。实际淬火介质与加热工件接触时，冷却过程很复杂，工件温度在变，淬火介质的温度在变，淬火工件表面与介质接触的状态也在变，所以冷却是个非线性过程。

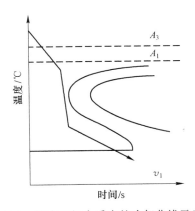

图 11-2　钢在理想介质中的冷却曲线示意图

常用的淬火介质有水、水溶液、淬火油、高分子聚合物、熔盐和熔碱等。其中水和油类淬火介质在淬火工件表面有物态变化，而熔盐、熔碱等无物态变化。

11.3.1 气态淬火介质

空气、氮气、氦气和氩气等都可作为淬火介质。气淬适合于临界冷却速度小、工件尺寸不大的高速钢和 Cr12 系等高淬透性的合金工具钢。为提高冷速，可以吹风冷却。真空奥氏体化或热等静压处理后，使用高压气淬，以提高冷速。气淬的优点在于工件变形小、冷却均匀、工件表面整洁、无环境污染。

11.3.2 水及水溶液

水是冷却能力较强的淬火介质，但在 C 曲线的"鼻温"区（500~650℃），工件表面形成蒸汽膜，影响了冷却速度。而在马氏体转变阶段（300~100℃），水处于沸腾阶段，出现最大冷速。因此，水适用于截面尺寸不大，形状简单的碳素钢构件的淬火冷却。

在水中加入适量盐和碱，可以加快工件表面蒸汽膜的破裂，提高高温区的冷却速度，使钢件获得较深的淬硬层。这类水溶液主要有氯化钠、氯化钙、氢氧化钠以及由 $25\%NaNO_3 + 20\%NaNO_2 + 20\%KNO_3 + 35\%H_2O$ 组成的三硝水溶液。

11.3.3 淬火油

淬火油有机械淬火油、普通淬火油、快速淬火油、光亮淬火油和真空淬火油等几种。根据黏度大小分成不同等级，黏度越大，冷却能力越差。

为了解决机械油冷却能力差、易氧化和老化等问题，在机械油里加入催冷剂、抗氧化剂和表面活化剂等添加剂，形成普通淬火油，它属于中速淬火油。

快速淬火油是在普通淬火油的基础上加入更有效的催冷剂，其高温区的冷却能力明显优于普通淬火油，而低温区的冷却能力与普通淬火油接近。所以快速淬火油不仅能保证工件淬透、淬硬，而且能大大减少工件变形。

光亮淬火油是以高品质矿物油为基，加入光亮剂、抗氧化剂、表面活性剂和催冷剂等。光亮剂可防止淬火油中的老化悬浮物在工件表面积聚和沉淀，也可阻止工件表面的积炭胶粒继续长大，从而提高淬火后工件表面的光亮度。

真空淬火油是真空热处理使用的饱和蒸汽压极低的特种矿物油，它以石蜡基润滑油分馏，经溶剂脱蜡、溶剂精制、白土处理、真空蒸馏和真空脱气处理后，加入催冷剂、光亮剂、抗氧化剂等添加剂配制而成。

11.3.4 高分子聚合物淬火介质

这类淬火剂是由各种高分子聚合物配以适量的防腐剂和防锈剂而制成的，使用时根据需要加水稀释成不同浓度的溶液。淬火时在工件表面形成一层聚合物薄膜，浓度越高，膜层越厚，从而可以调整冷却特性。高分子聚合物淬火介质的冷却能力在水、油之间或比油更慢。它不燃烧，且无烟雾，被认为是有发展前途的淬火介质。

11.3.5 盐浴

盐浴一般作为分级淬火和等温淬火时的冷却介质，其特点是高温区冷速快，低温区冷速慢，特别适合于形状复杂、截面尺寸变化悬殊的工件的分级或等温淬火，能有效地减少淬火变形和开裂。

11.3.6 流态床

流态床除用于淬火加热外，还可以进行淬火冷却。选用不同种类和粒度的固体微粒，通过调整气体流量和流速，控制流态床深度和温度，就能调节其冷却能力。流态床的冷却能力介于空气和油之间，接近于油。其特点是冷却均匀、淬火工件变形小、表面光洁、无腐蚀性、不存在老化变质问题，适合于淬透性高、形状复杂和截面不大的工件。

11.4 淬 火 工 艺

11.4.1 单液淬火

单液淬火（single-stage quenching）是将奥氏体化工件浸入一种介质中连续冷却至室温的操作方法，工艺曲线如图11-3中曲线 a 所示。它是一种应用最广泛、最简单、易实现机械化的淬火方法。单液介质选择原则是：保证工件不变形开裂前提下，冷却速度大于淬火工件的临界冷却速度。一般情况下，碳素钢水（及水溶液）淬，合金钢油淬。小尺寸的碳钢（直径小于5mm）也可选择油淬。

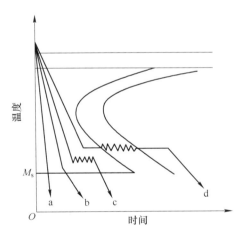

图 11-3　淬火工艺曲线

11.4.2 双液淬火

双液淬火（interrupted hardening）是将工件奥氏体化后，先浸入一种冷却能力较强的介质中，在避开 C 曲线的"鼻温"后，转入冷却能力较弱的介质中发生马氏体相变，工艺曲线如图11-3中的曲线 b 所示。双液淬火使低温转变时内应力减小，从而有效防止工件的变形和开裂。双液淬火的关键是准确控制工件在第一种介质中的停留时间，这要求操作者有一定的实践经验。双液淬火主要适用于形状复杂的碳素钢及大型合金钢工件。

11.4.3　分级淬火

工件奥氏体化后，浸入温度稍高或稍低于 M_s 点的盐浴或碱浴中保持适当时间，待工件整体温度达到介质温度后，取出空冷，以获得马氏体组织的淬火工艺，如图 11-3 中的曲线 c 所示。分级淬火比双液淬火易于操作，并更为有效地降低工件的内应力，减少变形或开裂。分级淬火适用于对变形要求严格的合金钢和高合金钢，以及形状复杂截面尺寸不大的碳素钢工件。

对尺寸较大淬透性较低的工件，可采用 M_s 点以下分级淬火，目的是增大第一阶段冷却速度，增加淬透深度。

11.4.4　等温淬火

如图 11-3 中的曲线 d 所示，等温淬火（isothermal hardening）是将工件奥氏体化后，迅速置于稍高于 M_s 点的盐浴或碱浴中保温足够时间，之后空冷，获得下贝氏体的淬火方法。等温淬火的工件，内应力很小，不易变形和开裂，具有良好的综合性能，适于处理形状复杂、尺寸精确要求高的工件。

11.4.5　其他淬火工艺

11.4.5.1　亚温淬火

亚共析钢在 $A_{c1} \sim A_{c3}$ 之间不完全奥氏体化后淬火冷却，获得马氏体和铁素体混合组织的淬火，称为亚温淬火（sub-temperature quenching）。亚温淬火能有效地提高钢的韧性，减少高温回火脆性倾向，这是因为：（1）有适量的均匀细小铁素体存在；（2）减小有害杂质元素在奥氏体晶界处偏聚的机会；（3）奥氏体晶粒更为细小；（4）减轻裂纹尖端应力集中。

11.4.5.2　碳化物微细化淬火

碳化物细微化淬火（refine carbide quenching）是使过共析钢中碳化物微细化的淬火工艺。主要方法是：（1）将钢加热到高于正常淬火温度，使碳化物充分溶解，然后在低于 A_{r1} 的中温区保温或直接淬火后在 $450 \sim 650℃$ 回火，最后再进行低温（稍高于 A_{c1}）淬火；（2）调质后再进行低温淬火。调质可使碳化物均匀分布，低温加热淬火能显著改善未溶碳化物的分布状态，从而提高韧性。

11.4.5.3　超细晶粒淬火

超细晶粒（ultra-fine grain）（晶粒度高于 10 级）会显著提高材料的强度，改善材料的韧性。循环加热淬火能显著提高晶粒度，即多次进行 $\alpha \rightarrow \gamma \rightarrow \alpha$ 循环相变。但循环次数也不宜过多，因为细小的奥氏体晶粒很不稳定，细化的同时长大倾向也会迅速增大。

11.4.5.4　超高温淬火

对含碳化物形成元素的合金结构钢和工具钢，将淬火温度提高到 A_{c3} 以上 $300℃$ 左右，尽管晶粒度下降，但断裂韧性却大大提高。断裂韧性提高的原因有待进一步研究。

11.5　钢的淬透性和淬硬性

11.5.1　钢的淬透性

淬火冷却时，工件表面冷速最大，而心部的冷却速度最小。只有冷却速度大于临界冷速时，淬火后才能得到马氏体组织，如图 11-4 所示。因此，距工件表面一定深度不一定能获得全部马氏体组织。如果心部冷速大于临界冷速，则工件由表及里都获得高硬度的马氏体，这种情况称为"淬透"；反之称为"未淬透"。工程上用淬透性的大小来表征钢被淬透的能力，淬透性（hardening capacity）是指在规定条件下钢试样获得马氏体组织深度的能力。为测量方便工程上规定，淬透层深度由表层至内部马氏体体积分数为 50% 时的距离表示。这样规定是因为半马氏体区不仅硬度开始陡降，而且金相组织特征明显。

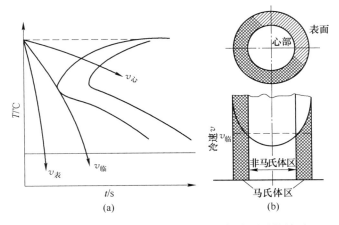

图 11-4　工件表面和心部冷却速度与淬硬层的关系

（a）工件表面和心部冷却速度；（b）淬硬层

淬透性是重要的热处理工艺性能，对合理选材和正确制定热处理工艺具有重要意义。淬透性主要取决于钢的马氏体临界冷却速度大小，本质上取决于过冷奥氏体的稳定性。凡是使 C 曲线右移的因素都提高过冷奥氏体的稳定性，临界冷却速度降低，淬透性提高。反之，淬透性降低。因此，钢的淬透性不仅与其成分有关，还与奥氏体的合金化程度、奥氏体均匀性和晶粒大小、未溶碳化物存在与否及存在状态等因素有关。合金元素提高淬透性的程度按下列顺序依次递减：Mn、Mo、Cr、Si、Ni、Cu 等。

应把钢的淬透性和钢件在具体淬火条件下的有效淬硬深度区分开来。淬透性是钢件本身所固有的属性，由本身的内部因素决定，与外部因素无关。钢的有效淬硬深度除取决于钢的淬透性外，还与冷却介质、工件尺寸等外因有关。

11.5.2　钢的淬硬性

淬透性和淬硬性是两个不同的概念，淬硬性（hardenability）是钢在理想条件下所能达到的最高硬度的能力。决定钢淬硬性高低的主要因素是钢中碳的质量分数，而合金元素的影响较小。但是，合金元素对淬透性却有重要影响。因此，淬火后硬度高的钢，淬透性不一定高；而淬火后硬度低的钢，可能具有很高的淬透性。

11.6　冷　处　理

工件淬火冷却至室温后，继续在低温介质中冷却的工艺称为冷处理（cold treatment）。冷却介质为液氮或液氮蒸汽，则称为深冷处理（cryogenic treatment）。对于 M_f 点在 0℃ 以下的钢，淬火冷至室温时仍然有相当一部分残余奥氏体。因此，为了增加钢的硬度和提高工件的尺寸稳定性，冷处理是十分必要的。

────── 本章小结 ──────

（1）淬火的主要目的是获得亚稳或非稳定组织，以提高钢的硬度、强度和耐磨性。

（2）淬火加热温度：过共析钢不可完全奥氏体化，共析钢必然是完全奥氏体化，亚共析既可完全奥氏体化，也可采用不完全奥氏体化。

（3）淬火冷却速度要大于临界冷却速度。

（4）淬硬性是钢在理想条件下所能达到的最高硬度的能力；淬透性则是规定的标准条件下钢获得马氏体组织深度的能力，是钢件本身所固有的属性。

复习思考题

11-1　解释下列名词：淬火、等温淬火、亚温淬火、淬透性、淬硬性、临界冷却速度。

11-2　如何确定淬火温度？为什么？

11-3　何谓临界冷却速度？影响临界冷却速度的因素是什么？

11-4　简述等温淬火的优点及适用范围。

11-5　影响淬透性的因素有哪些？

11-6　淬透性与淬硬性有何区别？

11-7　淬透性与淬硬层深度有何区别？

11-8　常用的淬火方法有哪些？

12　回　火

目的与要求：掌握淬火钢回火过程中组织演变过程和性能变化规律；掌握钢回火时性能变化中的两个特殊情况——二次硬化和回火脆性。了解合金元素对回火转变的影响。

　　回火（tempering）是将淬火后的工件加热到临界点以下某个温度，保温一段时间后冷却到室温的热处理过程。回火是淬火处理后必须进行的一道工序，因为：（1）马氏体是一种非平衡组织，过饱和程度大，存在位错、孪晶或层错等大量缺陷，处于高能量的不稳定状态；（2）含碳及合金元素较多的钢淬火后，存在相当数量的残余奥氏体，残余奥氏体也是热力学不稳定组织；（3）淬火钢中残留大的内应力。

　　通过淬火处理最大限度地提高材料的强度和硬度，但这是以牺牲塑性和韧性为代价的。回火能降低脆性，改善塑性和韧性。所以，回火是强度和硬度与塑性和韧性之间的支点。根据工件的使用性能要求，控制回火温度（支点位置），使强度硬度和塑性韧性之间有合理配合，从而使工件达到预期的使用效能。

12.1　碳钢回火时的组织演变过程

　　热力学上淬火钢具有从非平衡状态向平衡状态转变的自发趋势，只不过室温下这种转变在动力学上表现得十分缓慢。在 A_1 点以下不同温度回火，淬火碳钢的组织变化有 5 个特征阶段：

　　（1）预备阶段或时效阶段——碳原子偏聚（100℃以下）；
　　（2）回火第一阶段——马氏体分解（100~250℃）；
　　（3）回火第二阶段——残余奥氏体转变（200~300℃）；
　　（4）回火第三阶段——渗碳体形成（250~400℃）；
　　（5）回火第四阶段——α 相的回复再结晶和渗碳体的聚集长大（400℃以上）。
　　5 个阶段的组织转变有区别，无严格界线，温度的划分也不是绝对的。

12.1.1　马氏体中碳原子的偏聚

　　回火温度在 80~100℃以下时，金相显微镜下观察不到微观组织的变化，但此时马氏体中的间隙原子发生了偏聚。这是因为马氏体是碳在 α-Fe 中的过饱和间隙固溶体，晶体点阵产生严重畸变，缺陷密度高。因此，马氏体是处于高能量的不稳定状态。即使在较低温度，甚至室温以下，间隙原子（C、N）仍具有一定的短程扩散能力，并在微观缺陷处偏聚，以降低马氏体能量。

　　对于亚结构为大量位错的板条马氏体，碳、氮原子倾向于偏聚在位错附近。片状马氏体的亚结构为孪晶，过饱和间隙原子可能在某些孪晶面上富集。

碳原子的偏聚已被实验所证实。

实验一：淬火钢电阻率的变化能间接说明碳原子的偏聚行为，因为碳原子在正常间隙位置时的电阻率比发生偏聚时的电阻率高。图 12-1 所示为 Fe-C 合金试样不同碳的质量分数与电阻率的关系，为防止加热时发生脱碳和冷却过程中析出碳化物，薄片试样在真空加热后淬入冰盐水并立即移至液氮中，电阻率是在-196℃下测量的。由图 12-1 可知，电阻率的变化以碳的质量分数 0.2% 为界。碳的质量分数小于 0.2% 时，电阻率随碳的质量分数的增加而缓慢增加，与完全偏聚状态（150℃回火 10d）非常接近。当碳的质量分数超过0.2% 时，在缺陷处的碳原子偏聚已达到饱和状态，多余的碳原子处于正常位置的八面体间隙，对电阻率的贡献较大，所以电阻率上升明显。这与以碳的质量分数 0.2% 为界，将马氏体分为体心立方结构和体心正方结构吻合。即碳的质量分数较小时，大部分碳偏聚在位错等缺陷处，八面体间隙处的碳原子不足以使马氏体呈现出大于 1 的正方度。

实验二：Fe-16.7Ni-0.82C 钢奥氏体化后快冷至-195℃，然后在-195～100℃ 之间不同温度下回火 3h，在-195℃测量的硬度与时效温度的关系如图 12-2 所示。结果发现，回火温度超过-80℃，硬度开始上升，80℃回火硬度已由原来的 HRC54 上升到 HRC58。显微组织观察中没有发现第二相析出，由此认为硬度上升是碳原子偏聚引起的。上述实验也表明，实际生产中很难得到新鲜马氏体。

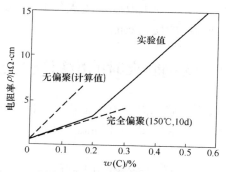

图 12-1 回火 Fe-C 合金电阻率与含碳量的关系

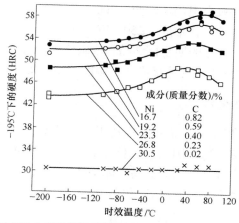

图 12-2 回火 Fe-16.7Ni-0.82C 钢在不同温度时效 3h 后的硬度（在-196℃下测得）

12.1.2 马氏体的分解

随回火温度（80~250℃之间）的升高及回火时间的延长，碳富集区将发生碳原子的有序化，继而以碳化物（$\varepsilon\text{-Fe}_x\text{C}$，$x=2\sim3$，具有密排六方点阵）的形式析出，使马氏体的过饱和度下降，正方度减小，正方马氏体最终变成立方马氏体。无论原始马氏体中的碳质量分数是多少，马氏体分解变成立方马氏体后，马氏体中的碳质量分数趋于一致。高于200℃时，马氏体中碳的质量分数随回火温度的变化规律基本相同，如图12-3所示。马氏体分解后的产物称为回火马氏体（tempered martensite），是立方马氏体与 ε-碳化物的混合组织。

淬火钢的碳质量分数不同，马氏体分解的微观过程有所不同。

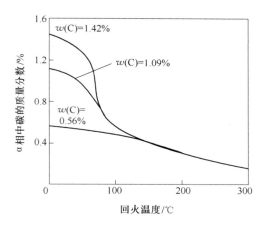

图 12-3　不同含碳量马氏体回火时碳浓度的变化

12.1.2.1　高碳马氏体的分解

实验发现，高碳马氏体在125℃以下回火时，基体 α 相呈现出两种不同的正方度。一种 $c/a=1.062\sim1.054$，对应的碳质量分数为 1.2%~1.4%，与未经回火的淬火高碳马氏体接近；另一种 $c/a=1.012\sim1.013$，对应的碳质量分数为 0.27%~0.29%。回火温度高于125℃时，只有一种正方度，且随回火温度的继续增加，正方度趋于1。这表明，高碳马氏体低温回火时，碳化物以两种不同的方式析出，即双相分解和单相分解。

A　马氏体的双相分解

在 125~150℃以下，马氏体的分解以双相分解的方式进行。即基体存在高低两种不同的正方度，分别对应未分解的高碳马氏体和碳部分析出的 α 相。随着回火时间的延长，两种 α 相的正方度基本不变，只是高碳区不断减少，低碳区愈来愈多。

马氏体分解出现两种不同碳质量分数 α 相的根本原因，是碳原子在较低温下不能作远距离的扩散。碳化物析出后，远处的碳没有能力"驰援"析出的碳化物相使其继续长大，碳化物周边基体相因碳化物析出消耗部分碳源得不到及时补充，所以，高低碳区之间的浓度差不易消失。马氏体双相分解时碳的分布示意如图12-4所示。马氏体的双相分解类似于非连续脱溶（见6.2节）。

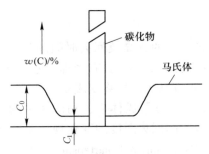

图 12-4　马氏体双相分解时碳的分布

B　马氏体的单相分解

回火温度在 150~200℃ 之间，碳原子能进行较长距离的扩散。ε 碳化物形核后可从较远距离获得碳原子而长大，马氏体内过饱和的碳不断析出，正方度趋于 1，基体内不会出现两极分化的碳分布。马氏体的分解是通过新碳化物的不断析出和已形成碳化物的不断长大进行的。

马氏体的单相分解类似于连续脱溶（见 6.2 节）。

12.1.2.2　低碳马氏体的分解

200℃ 以下回火，低碳（碳质量分数小于 0.2%）马氏体不析出碳化物，碳仍然偏聚在位错附近。当回火温度高于 200℃ 时，马氏体通过单相分解的形式析出碳化物。由于低碳马氏体的 M_s 点较高，先形成的马氏体可能在淬火冷却过程中发生分解，析出碳化物，这种现象称自回火（self tempering）。M_s 点越高，淬火冷却速度越慢，越容易发生自回火现象。

12.1.2.3　中碳马氏体的分解

中碳马氏体兼具低碳和高碳马氏体分解的特点。

12.1.3　残余奥氏体的转变

马氏体转变是个体积膨胀的过程，马氏体之间的剩余过冷奥氏体受到"压迫"而不能转变，保留下来成为残余奥氏体。马氏体一旦分解，残余奥氏体随即从"压迫"中解放出来，有了转变的机会。

本质上残余奥氏体与过冷奥氏体相同，过冷奥氏体发生的转变，残余奥氏体都有可能发生，但两者的转变动力学有所不同。因为已发生的马氏体转变会给未转变的过冷奥氏体产生各种影响，包括化学成分、塑性变形、弹性畸变等。一般来说，残余奥氏体受到过马氏体的挤压，比过冷奥氏体更不稳定，所以与过冷奥氏体的 C 曲线比较，残余奥氏体的 C 曲线向左移。

在 200~300℃ 之间回火，残余奥氏体转变产物是回火马氏体，即低碳（约 0.25%C）马氏体和 ε 碳化物的混合组织。

12.1.3.1　残余奥氏体向珠光体和贝氏体转变

回火温度在 M_s 点以上的高温区，残余奥氏体转变成珠光体，中温区则可能转变成贝氏体。在珠光体和贝氏体转变温度之间也存在一个残余奥氏体的稳定区。与过冷奥氏体相比，残余奥氏体向贝氏体转变速度加快，向珠光体转变之前将析出先共析碳化物。

12.1.3.2　残余奥氏体向马氏体转变

回火温度在 M_s 点以下，残余奥氏体既可能在回火加热的保温阶段转变成马氏体（等温马氏体），又可能在回火冷却过程中转变成马氏体（变温马氏体）。

等温条件下残余奥氏体向马氏体的转变，受控于淬火马氏体的分解。只有马氏体分解，过饱和度下降，对残余奥氏体的压应力减缓，残余奥氏体才有发生转变的可能。虽然残余奥氏体不多，转变量很少，但对精密工件的尺寸稳定性产生的影响却不容忽视。

回火冷却过程中，残余奥氏体向马氏体转变的现象称为"二次淬火"（secondary quenching）。碳和合金元素（Co 和 Al 除外）较多的钢，M_s 点较低，淬火后有较多的残余奥氏体。例如，高速钢淬火后残余奥氏体量高达 25%～30%。高合金钢在 500～600℃回火时，从残余奥氏体中析出碳化物，残余奥氏体中的合金元素含量降低，使其 M_s 点提高到室温以上，回火冷却时残余奥氏体转变为马氏体，从而进一步提高钢的硬度，实际生产中这样的二次淬火是必要的。在高速钢和高铬钢中常出现二次淬火现象。

12.1.4　渗碳体的形成

回火温度在 250～400℃之间，将形成 θ-碳化物，即渗碳体。基体相仍然保持马氏体形貌特征，但碳的质量分数持续下降，位错重组且密度下降，孪晶逐渐消失。最终得到回火托氏体（tempered troostite），即具有条状马氏体形态的铁素体与片状（或小颗粒状）渗碳体的混合组织。

石墨碳是碳化物析出的终极平衡相，钢只有在高温极长时间的保温才有可能出现石墨，这是珠光体耐热钢所关心的问题之一。一般来说，钢中 θ-Fe_3C 是碳化物析出的最稳定形式，之前可能会出现其他不同的过渡碳化物，这主要取决于马氏体的含碳量。

12.1.4.1　高碳马氏体中渗碳体的析出

高碳马氏体回火初期析出与马氏体基体相保持共格关系的 η-Fe_2C（或 ε）碳化物，惯习面为 $\{100\}_{\alpha'}$。ε-碳化物十分细小，以至于光学显微镜下不能分辨。当回火温度高于 250℃后，ε-碳化物转变成 χ-碳化物（χ-Fe_5C_2，具有复杂斜方点阵）。χ-碳化物呈薄片状，与基体存在位向关系，惯习面为 $\{112\}_{\alpha'}$，是片状马氏体中的孪晶面，表明 χ-碳化物是在马氏体的孪晶面上析出的。回火温度进一步升高时，ε-碳化物和 χ-碳化物将继续转变为较稳定的 θ-碳化物（即渗碳体 Fe_3C）。渗碳体为复杂斜方点阵，呈条片状，仍与基体保持位向关系，惯习面是 $\{110\}_{\alpha'}$ 或 $\{112\}_{\alpha'}$。

由此可见，高碳马氏体回火过程中，碳化物的转变贯序为：$\alpha' \rightarrow (\alpha+\varepsilon) \rightarrow (\alpha+\varepsilon+\chi) \rightarrow (\alpha+\varepsilon+\chi+\theta) \rightarrow (\alpha+\chi+\theta) \rightarrow (\alpha+\theta)$。碳化物的转变取决于回火温度和时间，如图 12-5 所示。

碳化物的析出也是形核和核长大的过程，可以通过两种方式进行：（1）原位转变，即在旧碳化物的基础上，实现成分变化和点阵改组；（2）在其他部位独立形核长大，这种情况下母相中碳的质量分数下降，导致原有的极细小亚稳碳化物可能重新回溶于基体。根据新旧碳化物与母相的位向关系和惯习面是否发生变化，可以判断新碳化物究竟以哪种方式析出。

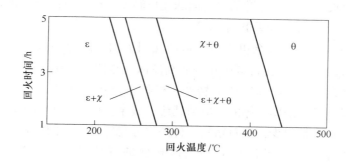

图 12-5　高碳钢回火时碳化物的析出贯序

12.1.4.2　低碳马氏体中渗碳体的析出

低碳（碳质量分数小于 0.2%）马氏体在 200℃ 以下回火，不析出碳化物，只发生碳原子偏聚。200℃ 以上回火，将在碳原子偏聚区通过单相分解直接析出 θ-Fe$_3$C。θ-Fe$_3$C 既可在马氏体板条内的位错缠结处析出（细针状），也可在马氏体板条界析出（薄片状）。温度继续升高时，板条界上的薄片状 θ-Fe$_3$C 长大的同时将发生破碎，板条内的 θ-Fe$_3$C 将重新溶入 α 相中直至消失。由于低碳马氏体的 M_s 点较高，θ-Fe$_3$C 可能在淬火冷却过程中通过马氏体的自回火析出。

12.1.4.3　中碳马氏体中渗碳体的析出

中碳马氏体中存在位错和孪晶，所以具有从低碳和高碳马氏体中析出碳化物的特点。低于 200℃，在位错型马氏体中发生碳原子偏聚，在孪晶型马氏体中析出 η（或 ε）碳化物。高于 200℃，直接从位错马氏体中析出 θ 碳化物，而孪晶马氏体中，θ 碳化物通过原位或独立形核长大。

12.1.5　α 相状态变化及碳化物聚集长大

淬火马氏体中的位错密度与深冷变形金属相当，高的储存能是发生回复和再结晶的驱动力。当回火温度高于 400℃ 时，α 基体将发生回复和再结晶，与冷变形金属的回复和再结晶没有本质区别，和纤维状变形晶粒变成等轴状晶粒一样，α 相基体也由条状变成等轴状，而析出的片状渗碳体将逐渐球化并聚集长大，残余内应力消失。最后得到等轴状铁素体与粒状渗碳体的混合组织，称为回火索氏体（tempered sorbite）。

应注意，回火过程中铁素体的再结晶温度与冷变形金属的再结晶温度是有区别的，因为淬火产生的点阵畸变是由于碳的过饱和及相变硬化引起的，而冷变形加工产生的晶格畸变由冷作硬化引起，这将导致再结晶驱动力上的差异。

碳化物的聚集长大是按照小颗粒溶解、大颗粒长大机制进行的。因为第二相粒子在基体中的溶解度与粒子曲率半径有关，第二相粒子半径越小，在基体中的溶解度越大。

继续提高回火温度，等轴铁素体发生晶粒长大，但这有悖于淬火加回火获得所需使用性能的目的。

综上所述，随着回火温度的逐渐升高，淬火碳钢将发生：碳原子偏聚（100℃ 以下）；马氏体分解（100～250℃）；残余奥氏体转变（200～300℃）；渗碳体形成（250～400℃）；

α 相的回复再结晶和渗碳体的聚集长大（400℃以上）。钢的显微组织发生从回火马氏体（$M_回$）→回火托氏体（$T_回$）→回火索氏体（$S_回$）的变化。

12.2 合金钢回火时的组织转变特点

无论合金元素存在于基体和渗碳体，还是自为一体，合金元素对淬火钢回火时发生的一系列组织转变都有不同程度的影响。

12.2.1 合金元素对马氏体分解的影响

合金元素是通过影响碳的扩散来影响碳的偏聚和碳化物的聚集长大，影响程度因合金元素与碳原子的亲和力大小不同而异。

（1）非碳化物形成元素（如 Ni）及弱碳化物形成元素（如 Mn）对马氏体分解几乎无影响。虽然 Si 和 Co 也是非碳化物形成元素，但它们能稳定 ε 碳化物，抑制 ε 碳化物长大并延迟其向 Fe_3C 转变。因此，常使用 Si 来提高工具钢和超高强度钢的抗低温回火软化能力。

（2）碳化物形成元素，如 Cr、W、Mo、V、Zr、Ti 等，使碳在 α 相中的扩散速度减慢，减缓了碳化物的析出和长大。这就是说，由于这类合金元素的存在，较高温度下回火时 α 相仍然能保持一定的过饱和度，碳化物仍然细小，从而使合金仍然保持高的强度和硬度。淬火钢在回火时，抵抗强度、硬度下降的能力称为回火稳定性（或抗回火性或回火抗力）（temper resistance）。因此这类合金元素提高了钢的回火稳定性。

12.2.2 合金元素对残余奥氏体转变的影响

合金元素对残余奥氏体分解的影响类似于对过冷奥氏体转变的影响，只是残余奥氏体具有较大的内应力和较多的晶体缺陷，导致 C 曲线左移。一般来说，合金元素可提高残余奥氏体分解的温度区域。

在 M_s 点以下回火，残余奥氏体将转变成马氏体，随后发生马氏体分解，形成回火马氏体。

在 M_s 点以上回火，残余奥氏体可能转变成珠光体或贝氏体，或回火冷却时转变为马氏体，即所谓"二次淬火"，产生"二次硬化（secondary hardening）"效应。

12.2.3 合金元素对碳化物转变的影响

低温回火时，合金元素扩散困难，所以除 Si 以外，合金元素对碳原子的偏聚及 ε 碳化物的形成影响不大。随着回火温度的提高，合金元素将在渗碳体和 α 相之间发生重新分配。碳化物形成元素向渗碳体扩散，非碳化物形成元素则富集于基体相。碳化物的形成顺序以非稳定→亚稳定→稳定为原则，一般为 ε 碳化物→渗碳体→合金渗碳体→亚稳特殊碳化物→稳定特殊碳化物。例如，高碳高铬钢回火时碳化物的转变过程可能是：$\varepsilon\text{-}Fe_{2.4}C \rightarrow Fe_3C \rightarrow (Fe,Cr)_3C \rightarrow (Fe,Cr)_3C+(Fe,Cr)_7C_3 \rightarrow (Fe,Cr)_7C_3 \rightarrow (Fe,Cr)_7C_3+(Fe,Cr)_{23}C_6 \rightarrow (Fe,Cr)_{23}C_6$。碳化物的转变及转变类型取决于合金元素的性质和含量、碳或氮含量及回火工艺条件等。合金元素含量高时，碳化物向更稳定的类型过渡；碳的质量分数高时，碳化物则向稳定性差的类型转变。具有代表性四类合金元素的碳化物转变贯序是：

V(Ti，Nb，Zr)：$M_3C \rightarrow MC$；

W(Mo)：$M_3C \rightarrow M_{23}C_6 \rightarrow M_6C$；

Cr：$M_3C \rightarrow M_7C_3 \rightarrow M_{23}C_6$；

Mn：$M_3C \rightarrow M_{23}C_6$。

特殊碳化物的形成有两种机制：原位转变和独立形核长大。原位转变是由合金元素向渗碳体扩散，形成合金渗碳体，当合金渗碳体中的合金元素含量超过其溶解度极限时，渗碳体的点阵结构逐步演变为特殊碳化物的点阵。独立形核长大是直接从 α 相中析出特殊碳化物，这种情况下已形成的渗碳体是不稳定相，会重新溶解而消失。特殊碳化物的独立形核长大主要是针对强碳化物形成元素，如 V、Ti、Nb、Ta 等。

总的来说，钢的碳质量分数相同，回火温度相同，含有碳化物形成元素的合金钢与含有非碳化物形成元素的合金钢或非合金钢比较，其碳化物的分散度更大。

12.2.4　合金元素对 α 相回复和再结晶的影响

合金元素，尤其是能形成细小特殊碳化物的合金元素，可延迟 α 相的回复和再结晶（即提高再结晶温度），使钢在较高温度下仍然保持较高的强度和硬度，这种特性叫钢的红硬性（red-hardness）。合金元素含量越高，这种延缓作用更强。合金元素提高再结晶温度程度由小到大的顺序是：Ni，Si，Mn，Cr，Co，Mo，W。

综上所述：合金元素延缓钢的软化，提高钢的回火抗力；合金元素能引起二次硬化。

12.3　回火时性能的变化

淬火钢回火时的性能变化规律，与合金固溶处理后时效时的性能变化规律类似；钢淬火+回火时的性能变化总趋势与塑性变形+回复与再结晶的性能变化总趋势有相似之处。即淬火后钢的强度和硬度升高，而塑性和韧性下降，回火后钢的强度和硬度下降，塑性和韧性上升。但是回火时钢的性能变化可能不是单调上升或下降，强度硬度和塑性韧性的变化分别出现两种特殊情况——"二次硬化"和"回火脆性"。

12.3.1　硬度和强度的变化

12.3.1.1　碳钢硬度与回火温度的关系

各种淬火碳钢在不同回火温度下的硬度如图 12-6 所示。低碳钢在 200℃ 以下回火，虽然马氏体的过饱和度有所下降，但由于碳原子偏聚及少量碳化物的析出，固溶强化下降被弥散强化所弥补，使硬度变化不大。高碳钢在 100℃ 回火时，由于碳偏聚及碳化物析出对硬度的增加明显，导致硬度不仅不降，反而升高；在 200~300℃ 出现"平台"是残余奥氏体转变（硬化）和马氏体分解（软化）共同作用的结果。只要析出的碳化物与基体的共格关系没有被破坏，钢回火时的强度硬度仍然保持高水平。当渗碳体析出，基体中碳的质量分数降至平衡值时，起强化作用的主要是渗碳体的弥散强化。随着渗碳体的聚集长大以及铁素体等轴化，弥散强化效果降低，钢的硬度开始下降。

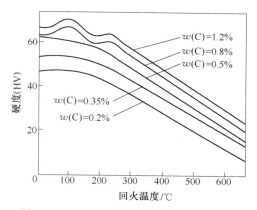

图 12-6 回火温度对淬火碳钢硬度的影响

12.3.1.2 二次硬化

随回火温度的上升，基体因过饱和度下降一直呈现软化的趋势。但有两种因素能抑制软化趋势甚至使钢的总体硬度进一步提高：（1）大量残余奥氏体在回火冷却过程中转变为马氏体或贝氏体（二次淬火）；（2）回火时析出细小弥散的碳化物。显然，高碳钢和合金钢的二次硬化效果更显著。

如图 12-7 所示为 Mo 含量对低碳（0.1%C）钢二次硬化作用的影响，很明显，随 Mo 含量的增加，二次硬化作用加强。二次硬化效应取决于能引起二次硬化的合金碳化物种类、数量、大小、形态和分布。强化二次硬化效应的措施有：（1）加入强碳化物形成元素 Mo、W、V、Nb、Ti 和 Ta 等，这些合金元素能形成有明显二次硬化效应的 M_2C 和 MC 型合金碳化物；（2）低温形变热处理，增加钢中的位错密度，有利于 M_2C 和 MC 型合金碳化物的形核；（3）加入抑制细小碳化物长大，阻止 α 多边化的合金元素，如 Co、Al、Si 等。

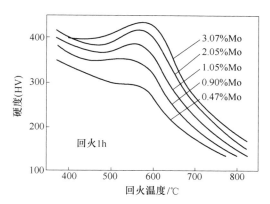

图 12-7 Mo 含量对二次硬化效应的影响

总之，合金元素能减缓硬度和强度降低的趋势。即相同回火温度下，合金钢的硬度高于碳钢；相同硬度下，合金钢可在更高的温度下回火。

12.3.1.3 二次硬化的应用

如第二部分第 4 章中所述，淬火冷却中断或冷速减缓将引起过冷奥氏体的热稳定化，使残余奥氏体量增加。回火冷却时残余奥氏体恢复向马氏体转变的能力，从这个意义上讲，二次淬火实际上是过冷奥氏体的反稳定化或催化。W18Cr4V 高速钢在 1280℃加热淬火后，残余奥氏体的量可高达 23%。其回火温度为 560℃（低温回火），此温度正好处于珠光体与贝氏体转变之间的过冷奥氏体稳定区，残余奥氏体在回火加热保温过程中基本不发生转变。回火冷却时部分残余奥氏体将向马氏体转变，为了使残余奥氏体尽可能多的转变为马氏体，需要回火加热使残余奥氏体催化，回火冷却时形成二次淬火马氏体。只有在冷却过程中残余奥氏体才发生二次淬火，所以需要多次（3~4 次，每次 1h），而不是一次（3~4h）560℃回火处理，如图 12-8 所示。每次回火加热也是对前一次形成的二次淬火马氏体的回火，经淬火和三次回火后，高速钢的组织为回火马氏体、细小颗粒状碳化物和少量残余奥氏体（小于 3%）。绝大部分细小颗粒状碳化物是淬火加热之前的预备热处理就已经形成的。

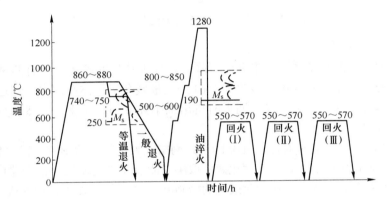

图 12-8　W18Cr4V 高速钢热处理工艺曲线

12.3.2　塑性和韧性的变化

高碳钢在低于 300℃回火时，塑性几乎为零，而低碳马氏体却具有良好的综合性能。随回火温度的升高，回火钢内应力消除，碳化物聚集长大和球化以及基体相回复和再结晶，强度和硬度不断下降的同时，塑性和韧性得到相应改善。但是，淬火钢的冲击韧性并非总是随回火温度的升高而单调上升，如图 12-9 所示，在 200~350℃和 450~650℃之间冲击韧性会出现两个低谷，是实际生产中需要特别注意的。

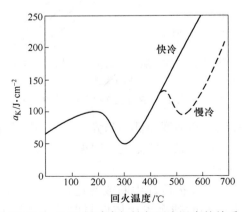

图 12-9　CrNi 钢冲击韧性与回火温度的关系

12.3.3 回火脆性

工件淬火后在某些温度区间回火时出现冲击韧性下降的现象称为回火脆性（temper brittleness）。

12.3.3.1 第一类回火脆性

A 第一类回火脆性的特点

第一类回火脆性（Ⅰ temper brittleness）又称不可逆回火脆性或低温回火脆性，是工件在 200～350℃回火时产生的。几乎所有的钢都存在第一类回火脆性。其主要特点是：

（1）只要在此温度范围内回火，冲击韧性的降低是不可避免的；

（2）出现第一类回火脆性的工件，再加热到更高的温度回火，脆性消除，韧性重新升高。此时若再在 200～350℃回火，将不再产生这种脆性，所以这种回火脆性是不可逆的；

（3）回火脆性的出现不影响其他力学性能随回火温度的变化规律；

（4）产生第一类回火脆性的工件，多发生沿晶断裂。

B 产生第一类回火脆性的原因

第一类回火脆性形成的机制有多种观点，至今没有完全统一的认识。曾经提出薄片状残余奥氏体分解、片状碳化物析出和杂质元素晶界偏析等三种理论。

残余奥氏体分解理论的间接依据是，出现第一类回火脆性的温度范围正好与残余奥氏体转变的温度区间相对应，而且提高残余奥氏体分解温度的合金元素，也使发生第一类回火脆性的温度升高。残余奥氏体转变成回火马氏体或贝氏体，或分解时析出条片状 Fe_3C 均使钢的韧性明显下降。但这种观点不能解释残余奥氏体很少的低碳低合金钢也会出现第一类回火脆性的现象。

与残余奥氏体分解成碳化物类似，马氏体分解形成的 $\chi\text{-}Fe_5C_2$ 和 $\theta\text{-}Fe_3C$ 片状碳化物沿板条马氏体的条界、束界和群界，或片状马氏体的孪晶界，或原奥氏体晶界析出，是导致韧性下降的主要原因。这种由 ε 碳化物转变为 χ 或 θ 碳化物的温度也与产生第一类回火脆性的温度相近。继续升高回火温度，碳化物聚集长大并球化，又使冲击韧性提高。

杂质元素 P、S、As、Sn、Sb 等在晶界、亚晶界偏聚，导致晶界弱化是引起第一类回火脆性的原因之一，这已被实验所证实。

C 影响第一类回火脆性的因素

影响第一类回火脆性的主要因素是化学成分、奥氏体晶粒度和残余奥氏体含量。P、S、As、Sn、Sb、Cu、N、H、O 等有害杂质元素导致出现第一类回火脆性。Mn、Si、Cr、Ni、V 等合金元素促进第一类回火脆性的发展。Ni 单独存在影响不大，Cr 与 Si 将第一类回火脆性推向较高温度。Mo、W、Ti、Al 等合金元素能减弱第一类回火脆性，其中以 Mo 的效果最为显著。奥氏体晶粒越粗大，残余奥氏体量越多，第一类回火脆性越严重。

D 防止或减轻第一类回火脆性的措施

目前还不能用热处理或合金化方法完全消除第一类回火脆性，其本意是保证使用性能的前提下无法完全消除，即实际回火工艺必须在该温度范围内进行。

根据第一类回火脆性形成机理，可以采取以下措施来减轻第一类回火脆性：

（1）内因，从化学成分入手：1）降低钢中的有害杂质含量；2）冶炼时用 Al 脱氧或加入 Nb、V、Ti 等合金元素以细化奥氏体晶粒；3）加入 Mo、W 等能减轻第一类回火脆性的合金元素；4）加入 Cr、Si 以调整出现第一类回火脆性的温度范围，保证发生回火脆性的温度不在使用范围内。

（2）外因，从热处理工艺入手：采用等温淬火工艺代替淬火加回火工艺。等温淬火温度正好接近发生第一类回火脆性的温度，而使用性能又不受影响。

12.3.3.2　第二类回火脆性

A　第二类回火脆性的特点

第二类回火脆性（Ⅱ temper brittleness）又称可逆回火脆性或高温回火脆性，是工件在 450~600℃ 回火时产生的。其主要特点是：

（1）对回火冷却速度十分敏感。回火后慢冷出现回火脆性，快冷则可以减弱或消除第二类回火脆性。

（2）可逆性。将已经出现回火脆性的钢重新加热回火并快速冷却，则脆性消除、韧性重新恢复。相反，处于韧化状态的钢，重新加热到第二类回火脆性温度范围并缓慢冷却，冲击韧性又会下降。

（3）第二类回火脆性主要在合金结构钢中出现，碳素钢一般不出现这类回火脆性。

（4）多发生沿晶脆性断裂。

（5）出现这类回火脆性时，冲击韧性降低，脆性转变温度升高，其他力学性能和物理性能不变。

产生第二类回火脆性的程度可用回火脆性敏感度系数 α 或回火脆度 $\Delta\theta$ 来描述，其中：

$$\alpha = a_K / a_{K脆} \tag{12-1}$$

$$\Delta\theta = 50\%FATT_{脆} - 50\%FATT \tag{12-2}$$

式中　　a_K——非脆化状态的冲击韧性；

　　　　$a_{K脆}$——脆化状态的冲击韧性；

　$50\%FATT$——非脆化状态的韧脆转变温度；

$50\%FATT_{脆}$——脆化状态的韧脆转变温度（FATT 意为 fracture appearance transition temperature）。

B　产生第二类回火脆性的原因

根据第二类回火脆性的特征，可以确认其脆化是一个受扩散所控制的过程，而且实验发现，杂质含量低的优质合金钢或仅含微量杂质元素的碳钢，不出现第二类回火脆性。因此认为，第二类回火脆性与脆性相析出和杂质元素偏聚有关。

（1）脆性相析出理论。该理论的依据是，碳化物、氧化物和磷化物等脆性相在 α-Fe 中的溶解度随温度降低而减小，在回火缓慢冷却时，脆性相沿晶界析出而引起脆化。温度升高，脆性相重溶使脆性消失。

（2）杂质元素偏聚理论。俄歇谱仪和电子探针微区成分分析表明，出现第二类回火脆性时，沿原始奥氏体晶界偏聚了某些合金元素（Cr、Ni 等）和杂质元素（Sb、Sn、P 等），脆化程度随偏聚程度的增加而增加，而且在钢处于韧化状态时，没有检测到上述合金元素和杂质元素的偏聚。

碳素钢中存在有害杂质，但一般不发生高温回火脆性。据此认为，偏聚引起的第二类回火脆性可能是杂质元素和某些合金元素相互作用的结果。

C　影响第二类回火脆性的因素

影响第二类回火脆性的因素主要有：化学成分、热处理工艺和显微组织。

（1）化学成分。P、Sn、Sb、As、B、S 等杂质元素和 Ni、Cr、Mn、Si、C 等合金元素共同存在于钢中，将引起第二类回火脆性。上述杂质元素或合金元素单独存在于钢中，不会引起脆性。杂质元素含量一定时，合金元素含量越多，脆化越严重。当钢中仅含一种这类合金元素时，脆化作用以 Mn 最高，Cr 次之，Ni 再次之。多种元素同时存在时，脆化倾向更大。杂质元素的脆化作用还与钢的成分有关，Ni-Cr 钢中，Sb 的作用最大，Sn 次之；Cr-Mn 钢中，P 的作用最大，Sb、Sn 次之。Mo、W、V、Ti 等合金元素以及稀土元素能减轻和抑制第二类回火脆性，原因是这类合金元素能抑制杂质元素在晶界上的内吸附，或者与杂质元素形成稳定化合物，净化晶界。但这类元素的加入量存在最佳值，否则抑制效果减弱。

（2）热处理工艺。除回火冷却速度外，第二类回火脆性的脆化速度及程度还与回火温度和等温时间密切相关。回火温度一定，脆化程度随等温时间延长而增加。550℃ 以下，回火温度越低，脆化速度越慢，但所达到的脆化程度越大。560℃ 以上，回火温度越高，脆化速度越慢，达到的脆化程度越低。可见，第二类回火脆性的等温脆化动力学曲线也呈"C"曲线，鼻温为 550℃。

（3）显微组织。不论何种原始组织，均存在第二类回火脆性，只是脆化程度不同而已。马氏体组织的回火脆性最严重，贝氏体次之，珠光体最轻。说明马氏体分解和残余奥氏体转变不是引起第二类回火脆性的主要原因。粗大奥氏体晶粒增加第二类回火脆性。

D　减轻第二类回火脆性的措施

根据第二类回火脆性的影响因素和形成机理，可以从化学成分和热处理工艺两方面采取措施来减轻或防止第二类回火脆性。

（1）内因，从化学成分入手：降低钢中的有害杂质含量；加入 Nb、V、Ti 等合金元素以细化奥氏体晶粒；加入 Mo、W、Ti、稀土等抑制第二类回火脆性的合金元素。

（2）外因，从热处理工艺入手：回火冷却速度尽可能快；对于亚共析钢可以采用亚温淬火，即不完全奥氏体化，使有害杂质元素溶入铁素体，从而减少这些元素在原奥氏体晶界上的偏聚；采用形变热处理工艺以细化奥氏体晶粒。

12.4　回火工艺

12.4.1　回火的目的

回火（tempering）是将淬火后的工件加热到 A_{c1} 以下某个温度保温适当时间后冷却的热处理工艺。回火是热处理的最后一道工序，最终决定工件的使用性能。工件淬火后应及时回火，以防产生奥氏体稳定化及淬火裂纹。

工件淬火后必须进行回火处理，主要原因是：（1）淬火虽然最大限度地提高了工件的强度和硬度，但塑性和韧性却明显下降，需要通过回火处理使工件达到要求的强度和硬度与塑性和韧性的配合；（2）淬火组织（马氏体和残余奥氏体）处于不稳定状态，有自发向稳定组织转变的趋势，势必引起工件性能和尺寸稳定性的变化；（3）工件淬火处理总是存在很大的内应力（热应力和机械应力），如不及时消除，会引起工件变形甚至开裂。因此，回火的主要目的就是：（1）获得所要求的组织；（2）稳定组织与尺寸；（3）消除内应力；（4）对于空冷就能获得马氏体组织的高淬透性钢，退火软化周期太长，可采用回火代替。

12.4.2　回火温度的确定

毫无疑问，回火温度要高于工件的使用温度。

回火温度由钢件的使用性能要求决定，按加热温度可分为低温回火、中温回火和高温回火。使用性能要求高强度、高硬度和优良的耐磨性，则必须低温回火；以高的弹性极限为主，则中温回火；为获得优良的综合性能，则采用高温回火。严格地讲，回火种类不是以温度的绝对高低划分的，而是由回火组织决定的。

12.4.2.1　低温回火

低温回火（low tempering）是指回火后组织为回火马氏体的回火工艺，碳钢的低温回火一般在 $150 \sim 250$ ℃。低温回火的目的是使工件保持高硬度、高耐磨性的前提下，适当降低脆性和减小内应力。低温回火主要用于各种工具、量具、模具、轴承及经渗碳、碳氮共渗和表面淬火后的工件。

12.4.2.2　中温回火

中温回火（medium temperature tempering）后的组织是回火托氏体，性能特点是具有较高的弹性极限和屈服极限，一定的硬度和韧性。碳钢的中温回火温度为 $250 \sim 500$ ℃，主要用于各种弹簧和某些热作模具（如塑料模等）。

12.4.2.3　高温回火

高温回火（high temperature tempering）温度一般在 $500 \sim 650$ ℃，回火组织是回火索氏体，具有较好的综合力学性能，即较高的强度和硬度与较好的塑性和韧性配合。高温回火广泛应用于各种重要的结构件，如连杆、轴、齿轮、高强度螺栓等。

淬火+高温回火也称为调质处理（hardening and tempering）。由于调质处理能得到细小、均匀的索氏体组织，因而也可作为某些要求较高的精密零件、量具、表面淬火和氮化件的预备热处理。

不要以回火温度的高低来判断是低温回火、中温回火还是高温回火，判断的依据是回火后的组织。例如，高速钢 W18Cr4V 在 $550 \sim 570$ ℃进行的三次回火就属于低温回火，回火组织是回火马氏体、颗粒状碳化物和少量残余奥氏体。影响回火温度和回火后硬度的因素主要有：（1）化学成分。当碳的质量分数在钢的允许范围内的上限时，或含有提高回火稳定性的合金元素，回火温度应偏高。（2）淬火介质。同一钢件欲达到相同的回火硬度，在强冷却能力的介质中淬火，回火温度应适当提高。（3）淬火后的硬度。如果淬火后硬度处于规定值的下限，应相应降低回火温度，反之，可适当提高回火温度。

碳钢的回火温度、相应的组织性能及适用范围见表 12-1。

表 12-1　碳钢回火温度、组织、性能特点及适用范围

项目	低温回火	中温回火	高温回火
温度范围/℃	150~250	350~500	500~650
组织	$M_{回}$	$T_{回}$	$S_{回}$
性能特点	高硬度、高耐磨性，同时降低内应力	高 σ_e 及 σ_s，同时具有一定韧性	较高的强度，同时具有良好的塑性和韧性
应用	各种高碳钢、渗碳件及表面淬火件	弹簧钢	广泛用于各种结构件如轴、齿轮等热处理。也可作为要求较高精密件、量具等预备热处理

12.4.3　回火保温时间的确定

一般来说，随回火时间的延长，工件硬度有所下降，尤其是回火温度较高时，硬度下降更明显。因此，回火时间也是决定工件回火后硬度的一个重要因素。

回火时间确定的总原则是：保证工件透热以及组织转变充分。应考虑的因素有工件有效尺寸或装炉量，加热介质，消除内应力的需要等。工程上确定回火时间可参考式（12-3）：

$$\tau = K_h + A_h \times D \qquad (12\text{-}3)$$

式中　τ——保温时间，min；

K_h——回火保温时间基数，min；

A_h——回火保温时间系数，min/mm；

D——工件的有效厚度，mm。

回火冷却对钢的性能影响不明显，一般采用空冷。但对于重要的零件，为防止重新产生内应力，尤其是高温回火的情况，最好采用缓冷；对于高温回火脆性较明显的合金钢（铬钢、铬锰钢、硅锰钢、铬镍钢等），在 450~650℃回火需油冷或水冷，只有对冲击韧性要求不太高的这类钢，才允许空冷。

———— 本章小结 ————

（1）回火的目的是获得所需的显微组织、获得所需的使用性能、消除或减少淬火内应力、防止变形或开裂。

（2）碳钢回火时要经历马氏体中碳原子偏聚、马氏体分解、剩余碳化物转变、碳化物析出以及基体相的回复再结晶和碳化物聚集长大等几个阶段。绝大部分合金元素都使上述过程滞后或推向更高温度，表现出抗回火性。

（3）随回火温度升高，淬火钢力学性能的总变化趋势是：强度硬度下降，塑性韧性上升。但会出现两个特殊情况：二次硬化和回火脆性。二次硬化是二次淬火和弥散强化所致；而回火脆性主要由脆性相析出和杂质元素偏聚引起。

复习思考题

12-1　解释下列名词：回火、自回火、回火马氏体、回火索氏体、回火屈氏体、二次淬火、二次硬化、

回火抗力、红硬性、调质、回火脆性。

12-2 简述回火的目的及工艺。

12-3 简述淬火碳钢回火时的组织转变过程。

12-4 简述高碳马氏体分解的机理。

12-5 简述高碳马氏体回火时，碳化物的析出贯序及转变方式。

12-6 简述合金元素对马氏体分解的影响。

12-7 简述合金元素对残余奥氏体转变的影响。

12-8 简述合金元素对碳化物转变的影响。

12-9 解释二次硬化现象，提高二次硬化效应的途径有哪些？

12-10 简述回火对钢的机械性能影响的规律。

12-11 什么叫第一类回火脆性？第一类回火脆性的主要特征有哪些？产生第一类回火脆性的原因是什么？防止或减轻第一类回火脆性的方法有哪些？

12-12 什么叫第二类回火脆性？第二类回火脆性的主要特征有哪些？产生第二类回火脆性的原因是什么？防止或减轻第二类回火脆性的方法有哪些？

12-13 分析钢淬火后硬度上不去的原因。

13 表面强化技术 *

目的与要求： 了解钢表面强韧化的目的；掌握表面淬火和化学热处理的工艺特点和适用范围。了解表面热处理后表层和心部的组织特征。

　　一般来说，金属的强度和硬度与塑性和韧性是矛盾的、对立的，提高强度和硬度是以牺牲塑性和韧性为代价；提高塑性和韧性是以牺牲强度和硬度为代价，只有细晶强化是例外，所以强韧化一直是材料科学工作面临的关键技术问题。事实上，相同条件下，工件表面所处的力学和化学环境最为恶劣，尤其是承受弯曲、扭转、摩擦或冲击的零件，最大应力都集中在材料表面。这类零件的性能要求的共同点是：表面要有高的强度、硬度、耐磨性和疲劳性能，而心部在保持一定强度和硬度的前提下，具有足够的塑性和韧性，即"表硬里韧"。最巧妙的解决方案应该是，不要刻意单方面追求材料整体的高强度和高硬度，而是运用材料复合的理念。复合材料可分为两大类：一类是传统意义上的复合材料，即将两种或两种以上性质完全不同的单体，通过某种工艺复合在一起，这种工艺和技术不是本教材所涉及的内容；另一类是通过一些技术手段对同一材料进行处理，使其拥有性能复合的特点。尽管这类技术有很多，但本章只涉及传统热处理技术。对于没有性能苛刻要求的工程材料，表面热处理和化学热处理是最有效的方法之一，表面强韧化使金属及其合金的强度硬度和塑性韧性成为对立的统一体。表面淬火和化学热处理的诱人之处还在于，不会遭遇薄膜和涂层科技人员所面临的永恒课题——附着性问题。

13.1　表　面　淬　火

　　表面淬火（surface quenching）是指不改变钢的化学成分，采用快速加热的方法使工件表面奥氏体化，然后淬火获得一定淬硬深度，而心部仍保持未淬火状态的一种局部淬火方法。

13.1.1　表面淬火适用范围及热处理工艺规范

13.1.1.1　表面淬火适用范围

　　一般来说，表面淬火适用于碳的质量分数为 0.4% ~ 0.5% 的中碳结构钢。这是因为，如果碳的质量分数偏高，工件心部韧性下降；如果碳的质量分数偏低，则工件表面硬度和耐磨性上不去。对于基体组织相当于中碳钢的灰铸铁、球墨铸铁、可锻铸铁和合金铸铁等，韧性是它们的劣势。如果使用环境对其韧性要求不高，原则上也可以进行表面淬火，尤其以球墨铸铁的表面淬火效果最好。同样地，如果放弃对韧性指标的追求，仅对硬度和耐磨性有高要求，也可对高碳钢进行表面淬火，如工具钢、量具钢及高冷硬轧辊用钢等。

　　表面淬火适用于受冲击载荷、交变载荷及摩擦条件下服役的零件，如齿轮、轴类、高碳钢和低碳合金钢制的工具、量具，以及铸铁冷轧辊等。

13.1.1.2　表面淬火工艺规范

表面淬火工件的热处理规范是"攘外必先安内"，即先解决"内部"组织问题，然后解决"表面"问题。心部组织由预备热处理调质或正火决定，性能要求高的工件采用调质处理，性能要求不高的则用正火处理。预备热处理达到了两个目的：既确定了心部组织，又为表面淬火做好了组织准备。

表面淬火是以获得高硬度和高耐磨性为主要目的，表面淬火后必然是低温回火，回火温度不高于200℃。表面淬火及回火几乎不影响心部组织，所以表面淬火件最后的组织是：表层为回火马氏体，心部为回火索氏体（预备热处理为调质）或者铁素体+索氏体（预备热处理为正火）。

13.1.2　表面淬火类型

表面淬火最显著的特点是对表面快速加热、快速冷却。按供给表面能量的形式不同可分为：感应加热、火焰加热、电接触加热、电解液加热、激光加热及电子束加热等。其中，感应加热表面淬火应用最为普遍。

13.1.2.1　感应加热表面淬火

感应加热表面淬火（induced surface hardening）是利用感应电流通过工件表面产生的热效应，使工件表面迅速加热并快速冷却的淬火工艺。感应加热的基本原理是利用了"电磁感应""涡流发热"和"磁滞发热"等物理现象。涡流发热是由交变电流在导体中的分布特点所决定的，这些特点主要包括：集肤效应、邻近效应、环流效应及尖角效应。感应表面淬火的淬硬层深度与电流频率有关，频率越高，加热层越薄，淬硬层深度越浅。根据所用电流频率的不同，感应加热可分为高频（200~300kHz）、超音频（20~40kHz）、中频（2.5~8kHz）和工频（50Hz）。高频感应淬火的淬硬深度为0.5~2mm，而工频感应淬火的淬硬层深度可达10~15mm。

感应加热表面淬火的优点是：（1）加热速度快，过热度大，获得的隐晶马氏体细小，硬度比普通淬火提高HRC2~3，且脆性低；（2）工件表面形成马氏体时，由于马氏体转变的体积膨胀效应，在表面形成较大的残余压应力，有利于提高疲劳强度；（3）表面淬火加热时间短，无需保温，因此工件不易氧化脱碳，表面质量好；（4）加热温度和淬透层深度易控，便于实现机械化和自动化。

13.1.2.2　火焰加热表面淬火

火焰加热表面淬火（surface hardening by flame heating）是利用乙炔等可燃气体的燃烧来加热工件表面，其淬硬层深度约为2~6mm，适合于单件、小批量及大型工件。虽然设备简单，投资少，但加热时易过热，质量不好控制。

13.1.2.3　激光表面淬火

激光表面淬火（laser surface quenching）是利用高能激光束（功率密度大于10^3W/cm^2）扫描辐照工件，表面奥氏体化后工件自激冷发生马氏体相变。激光表面淬火的优点在于：（1）加热速度快（大于10000℃/s），可自激冷而无需冷却介质，也无需回火；（2）表面光洁，变形小；（3）硬度高于常规淬火和高频淬火，表层高的残余压应力大大提高疲劳强度；（4）处理过程无污染，生产效率高，易于实现自动化。激光表面淬火特别适合精加工后难以采用其他表面强化处理的形状复杂的大件。

13.1.2.4　电子束表面淬火

电子束表面淬火（surface quench-hardening by electron beam）是以电子束为热源，以极快的速度加热工件，并自冷硬化的淬火工艺。电子束的能量密度最高可达 $10^9\,W/cm^2$，高能电子束流轰击金属表面，与金属中的原子碰撞，使工件迅速升温，而其他部位仍保持冷态。电子束加热效率高，但电子束表面淬火需在高真空条件下进行。

13.1.2.5　电接触加热表面淬火

可移动电极与工件表面接触，并通以低电压大电流，因接触电阻加热工件表面而淬火的方法，称为电接触加热表面淬火（surface quench-hardening by electric contact heating）。表面被加热后，既可水冷淬火，也可以利用工件本身自冷淬火。机床导轨就是利用电接触加热表面淬火实现表面硬化。

13.1.2.6　电解液加热表面淬火

电解液加热表面淬火（surface quench-hardening by elektrolytheizung）的原理是，将作为阴极的工件浸入到电解液中（如 5%~15%碳酸钠水溶液），电解槽为阳极，电极间施加直流电压，在阴极工件上析出氢气，工件表面的氢气膜使工件与电解液隔开，由于氢气膜电阻很大，工件被迅速加热到淬火温度，断电后，氢气膜破裂，包围工件的电解液使工件迅速冷却淬火。电解液表面淬火的输入电压在150~300V之间，电流密度为 $3~4A/cm^2$。电解液表面淬火的优点是工艺简单，生产效率高；缺点是不适合形状复杂和尺寸较大的工件。

13.2　化学热处理

13.2.1　化学热处理基本原理

化学热处理（chemical heat treatments）基本原理是工件在特定介质中加热保温，使介质中的活性原子渗入到工件表面，从而改变工件表面化学成分和组织，达到提高表面硬度、耐磨性、疲劳强度、耐热性和耐蚀性的热处理工艺。化学热处理也是一种获得"表硬里韧"的有效方法，与表面淬火"殊途同归"。

化学热处理包括"分解—吸收—扩散"3个基本过程：

（1）介质的分解，如：

$$渗碳：CH_4 \longrightarrow 2H_2+[C]；\qquad 氮化：2NH_3 \longrightarrow 3H_2+2[N]$$

（2）活性原子溶入固溶体或与钢中某些元素形成化合物；

（3）活性原子由钢的表层向内部扩散。

根据渗入元素的不同，可将化学热处理分为渗碳、渗氮、多元共渗等。

13.2.2　渗碳

13.2.2.1　渗碳的目的

渗碳（carburizing）的目的是提高工件表面硬度、耐磨性及疲劳强度，同时保持心部良好的韧性，主要用于对耐磨性要求较高，同时承受较大冲击载荷的零件，如齿轮、活塞销及套筒等。

13.2.2.2　渗碳用钢

渗碳用钢是含 0.1% ~ 0.25% C 的低碳钢。渗碳后，工件表面含碳量可达 0.85% ~ 1.05%。

13.2.2.3　渗碳方法

根据渗碳剂的不同，渗碳可分为气体渗碳、液体渗碳和固体渗碳 3 种。广泛应用的是气体渗碳。

气体渗碳法是将工件放入密封的渗碳炉内，加热到 900 ~ 950℃，向炉内滴入煤油、苯、甲醇等有机溶剂或直接通入煤气、液化石油气等富碳气体，碳源被分解出活性碳原子，使工件表面渗碳。

固体渗碳是将工件埋入以木炭为主的渗剂中，装箱密封后高温加热渗碳。

液体渗碳法是将工件浸渍于盐浴中进行渗碳的方法，其优点是升温迅速、加热均匀、工件变形小、操作简便、便于多种少批量的生产。尤其在同一炉，可同时处理不同渗碳深度的工件。液体渗碳是以氰化钠（NaCN）为主要成分，渗碳的同时也能氰化，所以也称为渗碳氮化（carbonitriding），有时也称为氰化法（cyaniding）。处理温度以 700℃ 为界，此温度以下以氮化为主，渗碳为辅；700℃ 以上则以渗碳为主，氮化为辅，工业上一般以渗碳为主。

为了提高工件表面质量和渗碳速度，将工件放入真空渗碳炉中，抽真空后通入渗碳气体加热渗碳，这种渗碳法称为真空渗碳（vacuum carburizing）。

13.2.2.4　渗碳后的热处理及组织

渗碳后的热处理分为 3 种：

（1）直接淬火法。工件渗碳后预冷到略高于心部 A_{r3} 温度直接淬火，适合于本质细晶粒钢或性能要求不高的零件。直接淬火虽然工艺简单、效率高、工件脱碳和变形倾向小，但因渗碳温度高，奥氏体晶粒粗大，淬火后的残余奥氏体量较多。

（2）一次淬火法。工件渗碳后出炉缓冷，然后重新加热淬火并低温回火。对心部性能要求高时，淬火加热温度应略高于心部的 A_{c3}，以细化晶粒，并获得低碳马氏体组织；对于表层性能要求高的零件，淬火温度应为 $A_{c1}+(30~50)℃$，使表层晶粒细化。

（3）二次淬火法。第一次淬火以改善心部组织并消除表层网状渗碳体为目的，淬火加热温度为 $A_{c3}+(30~50)℃$；第二次淬火是以细化表层组织为目的，淬火加热温度为 $A_{c1}+(30~50)℃$。二次淬火法工艺复杂、成本高、工件变形和脱碳倾向大，适合于性能要求高或本质粗晶粒钢的工件。

常用方法是渗碳缓冷后，重新加热到 $A_{c1}+(30~50)℃$ 淬火+低温回火。此时组织为：表层是回火马氏体+颗粒状碳化物+A′（少量），心部为回火马氏体+铁素体（淬透时）。

钢及其合金渗碳后，任何一种热处理工艺均针对两种碳质量分数，高碳的表面和低碳的心部，组织状态由相图决定。

13.2.3　渗氮

13.2.3.1　渗氮的目的

渗氮（nitriding）的目的是向工件表面渗氮后以提高表面的硬度、疲劳强度、耐磨性及耐蚀性。氮化温度为 $500\sim570\text{℃}$，氮化层厚度不超过 $0.6\sim0.7\text{mm}$。

13.2.3.2　渗氮方法

渗氮方法有气体渗氮和离子渗氮，具体为：

（1）气体渗氮（gas nitriding）利用氨加热分解出活性氮原子被钢表面吸收并向内部扩散而形成氮化层，是目前应用最广泛的氮化方法。

（2）离子渗氮（ion nitriding）是为了克服气体渗氮周期长的缺点，在低真空中直流电场作用下，氮离子高速冲击作为阴极的工件并渗入其表层。

13.2.3.3　氮化用钢

氮化用钢通常是含 Cr、Mo、Al、Ti、V 等合金元素的中碳钢。因为这些合金元素有助于渗氮。尤其是 Mo，不仅是氮化物形成元素，而且可以降低因渗氮引起的脆性。Al 是最强的氮化物形成元素，含有 $0.85\%\sim1.5\%$（质量分数）Al，渗氮效果最佳。一般来说，合金中含有多种氮化物形成元素，氮化效果良好，而不含合金元素的碳钢，渗氮层脆，易剥落，不宜作为渗氮钢。

常见的渗氮用钢有：含 Al 低合金钢、含 Cr 中碳低合金钢、热作模具钢（约含 5% Cr）、铁素体不锈钢、奥氏体不锈钢和沉淀硬化不锈钢等。

13.2.3.4　氮化的特点及应用

氮化工件表面硬度高（HV1000~2000），耐磨性好；表面氮化体积膨胀而产生残余压应力，提高了疲劳强度；氮化温度低，工件变形小，氮化不改变基体的组织，氮化后不需要热处理；表层形成的氮化物化学稳定性高，耐蚀性好。氮化的缺点是工艺复杂、成本高、氮化层薄。

氮化主要用于耐磨性和精度要求高的零件及耐热、耐磨及耐蚀件，如仪表的小轴、轻载齿轮及重要的曲轴等。

———— **本章小结** ————

（1）对要求"表硬里韧"的构件，即表面要求高的强度、硬度和耐磨性，而心部具有足够的塑性和韧性，可采用表面强化处理。

（2）表面强化主要是表面淬火和化学热处理。表面淬火用钢为中碳钢，化学热处理（渗碳）用钢为低碳钢。

复习思考题

13-1　解释下列名词：表面热处理、表面淬火、化学热处理。

13-2　简述表面淬火的目的，适用范围及组织特点。

13-3　常见的表面淬火方法有哪些？

13-4　感应加热表面淬火的淬硬深度的控制原理是什么？

13-5　简述渗碳的目的及适用范围，渗碳后的热处理工艺及组织特点。

13-6　简述氮化的目的，工艺方法及性能特点。

附录　案例分析

案例 1　65Mn 弹簧垫圈失效分析

弹簧垫圈是利用其弹性变形来吸收和释放外力，因此要求其具有较高的弹性极限、较高的屈强比、高的疲劳强度和足够的塑韧性。高碳钢 65Mn 可以用来制造弹簧垫圈，其化学成分和力学性能如附表 1 所示。

附表 1　65Mn 的化学成分与力学性能

品名	化学成分（质量分数）								力学性能				
	碳（C）	锰（Mn）	磷（P）	硫（S）	镍（Ni）	铬（Cr）	硅（Si）	铜（Cu）	硬度（HB）	抗拉强度/MPa	屈服强度/MPa	伸长率/%	断面收缩率/%
65Mn	0.62~0.70	0.90~1.20	≤0.035	≤0.035	≤0.30	≤0.25	0.17~0.37	≤0.25	未热处理285HBS	980	475	8	30

通常采用淬火+中温回火处理工艺，即 800~820℃ 油淬，410~430℃ 回火，得到回火屈氏体，硬度为 45.5~47HRC，显微组织如附图 1（a）所示。

30μm

（a）　　　　　　　　　　　　　　　　（b）

附图 1　不同工艺热处理后 65Mn 钢的显微组织

（a）回火屈氏体（$S_{回}$）；（b）下贝氏体+少量马氏体+残余奥氏体（$B_{下}$+M+A′）

但在循环 5~76 万次后，65Mn 弹簧垫圈有出现疲劳断裂的现象，如附图 2 所示，使用寿命不能满足应用要求。分析发现，65Mn 钢淬火冷却后的组织为孪晶马氏体，这种组织的脆性断裂倾向大。此外，由于材料含碳量高，淬火后硬度较高，产生很大的淬火应力，脆性也较大，淬火易产生变形，裂纹甚至开裂。

某厂采用等温淬火工艺取代淬火+中温回火工艺，成功地解决了上述问题。具体工艺是采用 810~820℃ 加热奥氏体化后，在 320℃+5℃ 盐浴等温 95~120min，获得细小下贝氏

附图 2　65Mn 钢弹簧垫圈断裂后的实物照片

体+少量马氏体+残余奥氏体的复相组织，如附图 1（b）所示。下贝氏体组织具有良好的综合性能，少量的马氏体可进一步提高材料的硬度，而少量的残余奥氏体对韧性有益。等温淬火后 65Mn 具有良好的强韧性，硬度为 45～46.5HRC，疲劳寿命可提高达 200 万次以上。

案例 2　Cr12 型高铬冷作模具钢的失效分析

1. Cr12Mo1V1 冷作模具钢奥氏体化温度

Cr12Mo1V1 是高碳高铬冷作模具钢，属莱氏体钢，具有高的淬透性、淬硬性和高的耐磨性，其化学成分如附表 2 所示。Cr12Mo1V1 宜制造各种高精度、长寿命的冷作模具、刃具和量具，如形状复杂的冲孔凹模、冷挤压模、滚丝轮、搓丝轮、冷剪切刀和精密量具等。

附表 2　Cr12 型高铬冷作模具钢的化学成分

牌号	C	Cr	Mo	V	Si	Mn	P	S
Cr12Mo1V1	1.40～1.60	11.00～13.00	0.70～1.20	0.5～1.10	≤0.60	≤0.60	≤0.030	≤0.030
Cr12MoV	1.45～1.70	11.00～12.50	0.40～0.60	0.15～0.30	≤0.35	≤0.35	≤0.030	≤0.030

通常情况下 Cr12Mo1V1 钢的热处理工艺规范是淬火+低温回火，淬火加热温度 1020～1040℃，空气或油冷，180～200℃回火，热处理后洛氏硬度为 60～62HRC。

实际生产中往往出现硬度不达标的现象，分析发现与淬火工艺有关，应考虑淬火加热温度、保温时间和冷却速度等，主要是淬火加热温度和保温时间。淬火加热温度高时，保温时间应短。附图 3 给出了 Cr12Mo1V1 模具钢三种不同的工艺规范下的显微组织，奥氏体化工艺分别为 1030℃/120min、1080℃/50min 和 1175℃/30min，回火工艺相同，图中白色块状物为共晶碳化物。可以看出，随着奥氏体化温度升高，晶粒尺寸逐渐增大，共晶碳化物减少，奥氏体化温度为 1175℃时尤为明显。硬度检测发现，在 1030℃和 1080℃奥氏体化处理条件下，Cr12Mo1V1 模具钢的硬度均大于 60HRC，而当奥氏体化温度为 1175℃时，硬度仅为 46HRC 左右。

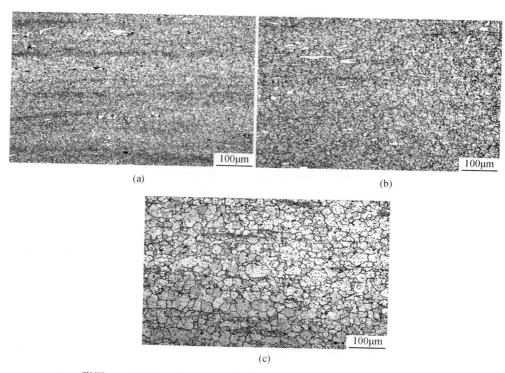

附图3 不同奥氏体化工艺条件下 Cr12Mo1V1 模具钢的显微组织
（a）1030℃，120min；（b）1080℃，50min；（c）1175℃，30min

　　奥氏体化温度过高，大部分共晶碳化物溶入到奥氏体中，使奥氏体更稳定，马氏体形成温度降低，淬火冷却到室温后基体中存在大量的残余奥氏体，导致淬火后硬度偏低。虽然可以通过深冷处理增加过冷度，使更多的残余奥氏体转变成马氏体以提高硬度，但增加了成本。因此，应严格控制 Cr12Mo1V1 模具钢淬火加热温度，防止过烧。

2. Cr12MoV 模具钢的球化退火

　　Cr12MoV 也是一种常见的冷作模具钢，常用作冲孔凹模、切边模、滚边模、钢板深拉伸模、圆锯、标准工具和量规、螺纹滚模等。Cr12MoV 钢的化学成分如附表2所示。

　　过共析钢淬火处理前需进行球化退火处理，等温球化退火工艺为：奥氏体化温度850~870℃，炉冷至720~750℃保温，再炉冷至500℃空冷。球化退火后的组织如附图4所示，经球化退火后，硬度降低至207~255HBW，改善了切削性能。淬火加热时，仍然保留大部分弥散分布的碳化物，避免淬火变形和开裂。

案例3　H13 热作模具钢低冲击韧性原因分析

　　H13 属美国的空淬硬化热作模具钢，国内执行标准 GB/T 1299—2000，对应牌号4Cr5MoSiV1。在中温（约600℃）下的综合性能好，淬透性高（在空气中即能淬硬），热处理变形率较低，其性能及使用寿命高于 3Cr2W8V。可用于模锻锤锻模、热挤压模具、高速精锻模具及锻造压力机模具等，也广泛应用于铝、铜及其合金的压铸模。其化学成分如附表3所示。

附图 4　Cr12MoV 球化退火组织（500×）

附表 3　H13 的化学成分

C	Mn	P	S	Si	Ni	Cr	Cu	Mo	V
0.41	0.36	0.007	0.002	1.04	0.10	5.08	0.06	1.45	0.91

传统的热处理工艺是 1020～1050℃加热奥氏体化+油淬+2 次 600～630℃回火。传统工艺热处理后组织为回火索氏体，硬度 45～47HRC，冲击韧性 35J/cm²。附图 5 是某厂采用上述热处理工艺处理后的显微组织金相照片，图中浅灰色区域为下贝氏体组织，冲击试验测得的冲击值仅为 9J/cm²。H13 常用在生产条件恶劣的环境，若组织内存在大量的上贝氏体组织，会使模具的冲击值偏低，在后续使用过程中造成开裂。主要原因是淬火冷却速度不够，导致有中间转变产物上贝氏体产生，使冲击韧性下降。

附图 5　H13 钢淬火回火后的组织（45HRC，500×）

解决方法是保证足够的冷却速度，为防止快速冷却可能引起的变形开裂，也可采用等温淬火的热处理方案。1020～1050℃加热奥氏体化+250～260℃等温淬火+2 次 600～630℃回火，处理后的热作模具使用寿命提高 2 倍多。

在 250～260℃等温使部分过冷奥氏体转变为下贝氏体，冷至室温时剩余的过冷奥氏体转变为马氏体，高温回火时形成回火索氏体，因此最终组织是回火索氏体+下贝氏体的复相组织。复相组织可延缓裂纹萌生提高冲击韧性（46.7J/cm²），硬度为 51HRC。

还可对 H13 钢进行渗硫+氮化处理，经过 20h 处理后获得 0.236mm 渗层厚度。由于渗氮增加了表面硬度，提高了模具的耐磨性，渗硫起到了润滑的作用，使工件寿命在淬火+回火处理的基础上提高 2 倍以上。

案例 4　HAP40 高速钢开裂原因分析

HAP40 是日立研发生产的含钴高速钢，Co 含量约 8.0%，碳含量为 1.30%，此外还有 W、Mo、Cr 等合金元素。HAP40 的主要特点是具有良好的磨削性能、热处理尺寸稳定性，良好的韧性，高的红硬性和耐磨性，是应用广泛的高速钢，适合制造所有的切削工具，例如：麻花钻、铰刀、丝锥、铣刀、拉刀、滚刀及成型刀具等，也适合做批量生产的冲压模具用钢。

典型的热处理工艺是 1175℃淬火，540℃四次回火，金相组织如附图 6 所示。

附图 6　HAP40 高速钢回火组织（400×）

某厂在热处理后，对其进行电加工的过程中发生了开裂现象，这是由于 540℃回火不充分所致。因为高速钢 M_s 点低，淬火后存在大量的残余奥氏体。540℃回火温度偏低，回火后仍有大部分残余奥氏体未转变，在电加工过程中，残余奥氏体不稳定，发生组织转变，导致开裂。

案例 5　3Cr13 金刚砂线切片机主轴断裂分析

3Cr13 金刚砂线切片机主轴实物如附图 7 所示，其加工工艺流程为：下料→锻造→退火→机械加工→调质→机械加工→高频淬火→磨削加工→成品装配。其中调质工艺为920~980℃油冷，920~980℃快冷，调质后硬度为 220~250HB，高频淬火处理后表面硬度为 48HRC。主轴的金相组织应为回火屈氏体，表面为回火马氏体。但主轴安装运行后，在锥形连接部位出现了有规律分布的裂纹。

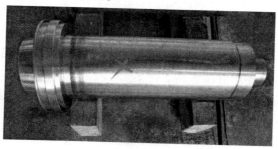

附图 7　3Cr13 金刚砂线切片机主轴实物图

　　主轴裂纹发生在轴端锥形靠台阶一侧，裂纹呈径向分布，与左侧台阶端部距离 6～8mm（见附图 8），从轴向截面上看，裂纹从表面向心部与轴端面呈 10°左右延伸，长度约为 10～20mm（见附图 9）。从裂纹的形态看，不应该是淬火导致的裂纹，因为淬火裂纹由拉应力产生，对工件的几何形状敏感，通常发生在几何形状过渡的位置，而主轴裂纹发生在几何形状过渡处以外的 6～8mm 处。另外，从裂纹延伸的角度判断也不应是淬火处理造成的，淬火裂纹不应该向轴端偏移，通常是向轴端相反的方向偏移。

附图 8　3Cr13 金刚砂线切片机主轴表面裂纹产生的位置

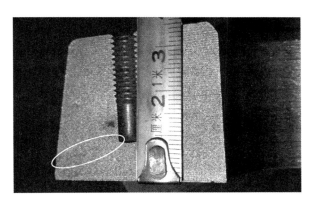

附图 9　3Cr13 金刚砂线切片机主轴裂纹从表面并偏离径向 10°左右向内延伸

　　3Cr13 金刚砂线切片机主轴的低倍金相组织如附图 10 所示。图中箭头指向的位置可以看到较多的非金属夹杂型冶金缺陷。

　　3Cr13 金刚砂线切片机主轴的较高倍的金相组织如附图 11 所示。图中圆环指示区域为片状或链条碳化物。

　　由附图 11 还可以看到，图中有明显的白亮的条带，条带的宽度为 50～100μm 之间，这些白亮条带中分布着较粗大密集的碳化物，在白亮条带包围的位置是灰度较低暗区，此处的碳化物相对细小，含量也相对较少。白亮条带的出现，表明组织有较大的不均匀性。

　　通过对 3Cr13 金刚砂线切片机主轴裂纹产生的位置、延伸方向以及对主轴的金相观察与分析，可以认为：

　　（1）主轴材料内部存在较多的冶金缺陷、片状碳化物及组织不均匀性；

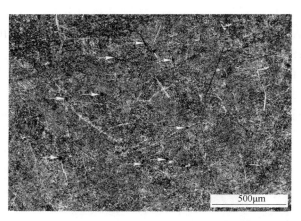

附图 10　3Cr13 钢低倍的金相组织（箭头所指位置为非金属夹杂类型的冶金缺陷）

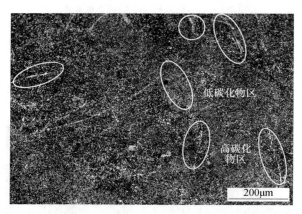

附图 11　3Cr13 钢高倍金相组织（圆圈位置为片状或链状碳化物，白亮条带为高碳化物区，
较暗的区域为低碳化物区）

（2）主轴材料内部的缺陷及组织不均匀，会严重降低材料的韧性，是后期主轴在安装、承载过程中产生裂纹的重要因素。

此工件采用连铸连轧工艺生产的原材料，缺陷难以控制。除控制原材料质量外，还可以用 38CrMoAlA 来代替，其加工工序为：调质→粗加工→稳定化→精加工→离子氮化。其中调质工艺为：930℃×5h 油冷+620℃×7h 空冷，稳定化工艺（580~590）℃×（6~7）h。调质后硬度为 250~280HB，离子氮化后的硬度为 900HV，氮化层 0.4~0.5mm。

案例 6　联轴器开裂失效分析

某厂用 42CrMo 制作联轴器，零件示意如附图 12 所示，技术要求是：正火+调质，硬度为 35~40HRC。在同批次处理的工件中，有的工件发生开裂。

在工件底部台阶边缘相近处取两试样进行金相分析，试样 1 的金相组织如附图 13（a）~（e）所示。该样品经 830℃×30min 完全退火，用 4%硝酸酒精溶液腐蚀。

附图 12 联轴器示意图

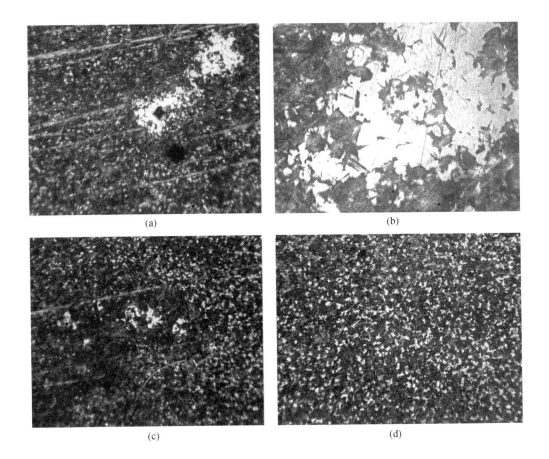

(a)

(b)

(c)

(d)

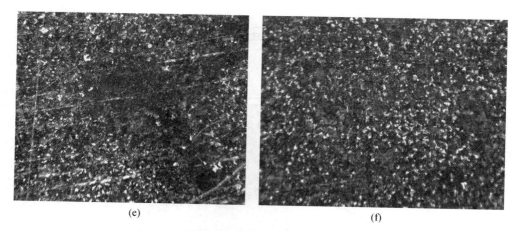

(e) (f)

附图 13　样品 1 的金相组织

(a) 100×；(b) 图（a）中的白色组织（400×）；(c) 100×；(d) 100×；(e) 100×；(f) 100×

从试样 1 的金相照片中发现：（1）照片（附图 13(a)～(c)）中可以看到白色大块状异常组织，使用数显维氏硬度计对该处块状物及附近正常组织进行硬度检验：白色大块状物硬度为 1622HV，其附近心部组织处硬度为 1266HV，由此可知该处白色块状物可能为碳化物。（2）附图 13(d)～(f)试样 1 心部不同部位组织，可以看出在试样不同部位，珠光体及铁素体数量存在明显差异。

从试样 2 金相照片中发现：（1）照片（附图 14(a)～(d)）为未腐蚀试样照片，裂纹附近存在多处条块状非金属夹杂物。（2）附图 14(e)、(f)为 4%硝酸酒精腐蚀试验照片，发现裂纹附近存在多处与试样 1 中相同的大块状碳化物。

分析认为：（1）工件裂纹附近集中存在多处大块状白色碳化物，而 42CrMo 为亚共析钢，不应有此种组织存在，且心部组织不均匀，成分偏析严重。化学成分偏析无法通过热处理消除，在淬火时，碳含量明显增加的部分则作为裂纹源，极易形成淬火开裂。（2）零件底部凹槽处设计为直角，该形状处淬火时易形成应力集中淬火开裂。

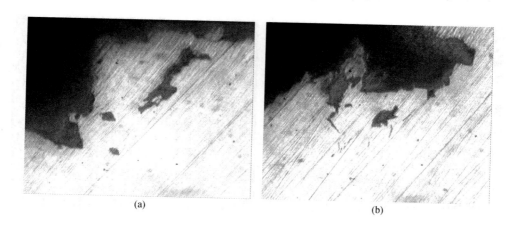

(a) (b)

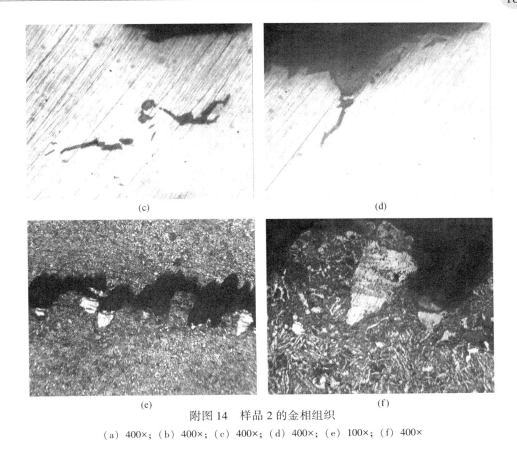

(c)　　　　　　　　　　　　　　　　　(d)

(e)　　　　　　　　　　　　　　　　　(f)

附图 14　样品 2 的金相组织

（a）400×；（b）400×；（c）400×；（d）400×；（e）100×；（f）400×

案例 7　切削钢的压裂

用 12L14 易切削钢冷拔制作液压件连接套（见附图 15），通常的热处理工艺是：920℃ 真空炉光亮退火，缓冷至 700℃ 保温球化后再缓冷至 400℃ 快冷，退火硬度为 60~

压裂处

附图 15　连接套示意图

70HRB，退火后压扁试验时在小口处出现压裂。

相分析发现，原材料存在较严重的带状珠光体组织，难以通过常规的真空光亮退火予以消除，导致压扁开裂。改进方法：1100℃长时间保温后缓冷至920℃气冷消除带状组织，再进行常规的真空光亮退火，避免了压扁开裂。

参 考 文 献

［1］徐洲，赵连城. 金属固态相变原理［M］. 北京：科学出版社，2003.

［2］康煜平. 金属固态相变及应用［M］. 北京：化学工业出版社，2007.

［3］刘宗昌，任慧平，宋义全. 金属固态相变教程［M］. 北京：冶金工业出版社，2003.

［4］宫秀敏. 相变理论基础及应用［M］. 武汉：武汉理工大学出版社，2004.

［5］程晓农，戴起勋，邵红红. 材料固态相变与扩散［M］. 北京：化学工业出版社，2005.

［6］胡赓祥，钱苗根. 金属学［M］. 上海：上海科学技术出版社，1980.

冶金工业出版社部分图书推荐

书 名	作 者	定价(元)
物理化学（第4版）（国规教材）	王淑兰	45.00
钢铁冶金学（炼铁部分）（第4版）（本科教材）	吴胜利	65.00
现代冶金工艺学——钢铁冶金卷（第2版）（国规教材）	朱苗勇	75.00
冶金物理化学研究方法（第4版）（本科教材）	王常珍	69.00
冶金与材料热力学（本科教材）	李文超	65.00
热工测量仪表（第2版）（国规教材）	张 华	46.00
钢铁冶金原理（第4版）（本科教材）	黄希祜	82.00
金属材料学（第3版）（国规教材）	强文江	66.00
冶金物理化学（本科教材）	张家芸	39.00
金属学原理（第3版）（上册）（本科教材）	余永宁	78.00
金属学原理（第3版）（中册）（本科教材）	余永宁	64.00
金属学原理（第3版）（下册）（本科教材）	余永宁	55.00
传输原理（第2版）（本科教材）	朱光俊	55.00
工程材料（本科教材）	朱 敏	49.00
相图分析及应用（本科教材）	陈树江	20.00
冶金原理（本科教材）	韩明荣	40.00
冶金传输原理（本科教材）	刘 坤	46.00
冶金传输原理习题集（本科教材）	刘忠锁	10.00
钢冶金学（本科教材）	高泽平	49.00
耐火材料（第2版）（本科教材）	薛群虎	35.00
钢铁冶金原燃料及辅助材料（本科教材）	储满生	59.00
炼铁工艺学（本科教材）	那树人	45.00
炼铁学（本科教材）	梁中渝	45.00
热工实验原理和技术（本科教材）	邢桂菊	25.00
复合矿与二次资源综合利用（本科教材）	孟繁明	36.00
冶金与材料近代物理化学研究方法（上册）	李 钒	56.00
硬质合金生产原理和质量控制	周书助	39.00
金属压力加工概论（第3版）	李生智	32.00
物理化学（第2版）（高职高专国规教材）	邓基芹	36.00
特色冶金资源非焦冶炼技术	储满生	70.00
冶金原理（第2版）（高职高专国规教材）	卢宇飞	45.00
冶金技术概论（高职高专教材）	王庆义	28.00
炼铁技术（高职高专教材）	卢宇飞	29.00
高炉冶炼操作与控制（高职高专教材）	侯向东	49.00
转炉炼钢操作与控制（高职高专教材）	李 荣	39.00
连续铸钢操作与控制（高职高专教材）	冯 捷	39.00
铁合金生产工艺与设备（第2版）（高职高专国规教材）	刘 卫	45.00
矿热炉控制与操作（第2版）（高职高专国规教材）	石 富	39.00